搶進
美食街,
年賺1,000萬

張志誠——作者、攝影
鄭聰仁——口述、攝影
陳文彬——顧問

Contents

chapter 2

成本篇

chapter 3

檢視篇

Contents

chapter 5 營運篇

chapter

1

觀念篇

{ 01 開街邊餐店 vs 美食街設櫃 }

開店選址，成敗大關鍵

民以食為天，加上享受美食的小確幸讓臺灣的餐飲業維持一定的活力，然而就創業的角度來看，想走餐飲創業，不管是開餐廳、小吃店或小吃攤，成本和人潮是非常重要的考量點。

餐飲業的主要成本結構包括：

❶ 食材成本。

❷ 廚具設備。

❸ 店面租金。

❹ 裝潢。

❺ 人力。

其中店面租金會因為商圈、地點（在大馬路邊或巷弄裡）而起伏，好地段能帶來大量人潮，但帶來人潮的好地段，店面租金一定高。

〔 街邊店利潤可期，但成本與風險相對較高 〕

在街邊開獨立小店或餐廳確實有不少優點，在利潤方面，扣除店租、食材、水電、人事費用、稅金（免開發票的小吃店則沒有稅金問

題），剩下的都算是業者的毛利。

然而，即使只是開一家小餐廳，從**店面租金、裝潢、廚具設備、人員薪資、食材準備**等五項成本，加上 **3** 個月的預備金，準備 **80 ～ 100** 萬元算是很合理的估算，特別是氣溫屢創新高的夏天，消費者根本不願到沒有冷氣的小吃店消費，在鄰里壓力下，排煙設備也將會是開餐廳或小吃店的支出，鄰居對店面的反應或抗議聲浪也會伴隨著噪音、環境的汙染（特別是油煙）而來，這些都是一般餐飲創業書籍不會提到的現實面。

開餐廳或小吃店，如能開發出既有差異性又不容易被模仿、取代的產品，即使開店的地點不是那麼優，也能吸引商圈外的消費者，例如位在臺北萬華區貴陽街的日式料理「三味食堂」，以比其他業者大三倍的巨無霸握壽司、花壽司、生魚片，開業二十年來屹立不搖，除了臺灣各地的年輕消費者之外，甚至吸引大量中、港、韓觀光客前來朝聖，每天用餐時段平均要排隊一小時，如果您具備這樣的條件，在那裡開街邊店都不是問題，否則一般情況，街邊店的主要客群會集中在店面周圍的商圈，不容易吸引跨商圈的消費者。

地點決定人潮多寡，進而影響餐廳或小吃店的營收，特別對剛創業的餐飲業者來說，地點的好壞以及商圈屬性決定這家店能否持續經營下去。

〔 社區居民態度反轉商圈興衰 〕

有時候一個地點的發展或沒落會隨著政府規畫、商圈變化、居民態度
而改變，這些問題恐怕是餐飲業者無法預測的。

像臺北師大夜市商圈，前幾年在臺北市政府的大力行銷下快速竄紅，
師大商圈巷弄中一家家特色餐廳如雨後春筍般進駐，加上師大比鄰而
居，國際學生的出沒，使得師大商圈成為士林夜市、饒河夜市之外，
臺北市另一個極具國際色彩的觀光夜市，師大商圈的前景似乎一片光
明。

然而社區居民抗議師大夜市讓生活品質下降，即使店家給住戶各種優惠
也沒用，自此師大夜市商圈一夕翻轉，餐廳被迫遷出。隨著居民意識抬
頭，這種社區居民的態度主導商圈興衰的情況可能會越來越多。

〔 美食街吸引跨商圈的大量人潮 〕

所謂的美食街或美食廣場（Food Court），指的是購物中心、百貨公

1：比起街邊店，商場美食街是人潮的保
證。2：即使不是百貨公司美食街，這樣
的戶外美食廣場也能吸引眾多人潮。

司或醫院、交通樞紐等公共設施或私人機構中集合各種美食小吃櫃位的地方，這類美食街通常都能帶來可觀人潮。

美食街通常都設在人潮聚集的**購物中心及百貨公司、量販店、醫院、校園、企業集團總部、高速公路服務區、機場、主題樂園**等，這些設施的共同特點是能吸引到跨商圈的大量人潮，這是街邊店非常渴望的地理條件。

街邊店「雙高」vs 美食街「三快」

多數人開店都是由街邊店開始，因此對街邊店的特性也比較了解，像是自主性高，店家可依照自己的需求選擇開店地點，依照個人喜好裝潢，再加上所有的盈餘都是自己的，因此街邊店具有雙高的特質，也就是：

❶ 自主性高。

❷ 毛利高。

反觀美食街則普遍具有「三快」的特質，也就是：

❶ 快速吸引人潮。

❷ 快速提高獲利。

❸ 快速增加曝光率。

〔 快速吸引人潮 〕

大多數美食街都有聚集跨商圈人潮的能力，不管是臺北轉運站旁的京站、中山站的新光三越百貨公司、市政府轉運站，或高雄漢神百貨、臺中新光三越、大遠百 Top City、廣三 SOGO、中友百貨、老虎城、新時代購物廣場的美食街等，70%的消費者都不住在當地商圈內，但是便利的交通會將消費者運送到這些商場。

〔 快速提高獲利 〕

商場美食街內櫃位相連，看似競爭激烈，但美食街透過餐點分類技巧，櫃位不會重複同樣菜系或菜色，因此不同菜色的美食櫃位反而可以吸引不同喜好的消費者前來享受美食，能帶來龐大且穩定的消費人潮。另一方面街邊店可能鄰近處就有相同性質的餐廳，客源被分散，而且客源較不穩定，有不少街邊店在開幕期過後，新鮮感退潮，人潮也跟著消失。

〔 快速增加曝光率 〕

一家街邊店除了靠商圈的主顧客之外，還需要增加曝光度，才能帶來滾動式的人潮。可惜店面是不會動的，除非剛好路過，否則不容易發現這裡開了一家餐廳，因此經營街邊店需要靠長期的行銷耕耘和顧客的口碑行銷；但商場美食街本身已是一塊吸引人潮的磁鐵，消費者在美食街逛的時候很容易看到櫃位品牌並產生印象，這也就增加了品牌的曝光度。

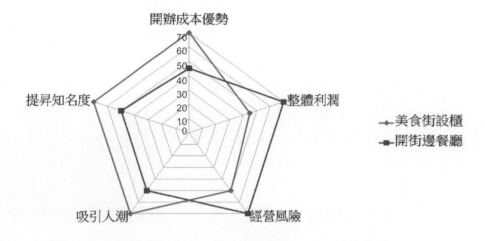

開辦成本優勢

70
60
50
40
30
20
10
0

整體利潤

提昇知名度

經營風險

吸引人潮

→ 美食街設櫃
■ 開街邊餐廳

▌ 開街邊餐廳 vs 美食街設櫃 創業評比

甘月堂

商場有來自不同地區的大量客潮,讓品牌曝光度大增。

另外，百貨公司予人精品的印象，在此設櫃，消費者較容易產生信賴感。這個道理也可以套用到百貨商場美食街，消費者因為在商場美食街看過或消費過該品牌，自然對該品牌有好印象，這對已經有間街邊店的業者來說，在美食街開店，不僅能擴展事業版圖，也是快速曝光品牌的方法。

知名港點也邁向進駐美食街的行列。

餐飲業通路改變，連鎖餐飲品牌紛紛進駐百貨公司（聯合報 2016.05.15）

餐飲品牌王品集團自從新任董事長陳正輝上任後，大動作調整集團各事業體，他坦言，臺灣餐飲業在通路上已經有了巨大改變，過去王品在全臺有將近八成的店面都是街邊店，但現在發現商場的經營效益比街邊店來得高。

連鎖餐飲品牌過去倚仗品牌力而勇於靠獨立單點吸引客人，但近年臺灣餐飲消費習慣改變，外食習慣日趨成熟，百貨公司和購物中心也發現增加餐飲比重後，營收也跟著提昇，供需雙方的推拉效應下，像瓦城、欣葉、豆府、饗賓等知名餐飲品牌都調整策略，日後展店不再以街邊店為主軸，而是以百貨商場為優先。

街邊店 vs 美食街，哪個成本低？

在美食街設櫃和開一家街邊店，初期的投入成本哪個較低？

街邊店

假設在街邊開一家溫州大餛飩小吃店，差不多要準備 120 ～ 150 萬元才會比較穩當，初期投入成本中，所占比例較高的包括 1. 廚具設備、2. 店面租金、3. 裝潢、4. 2 ～ 3 個月押金，業者投入後無法回收的成本約 40 ～ 50 萬元。如果開店業績不理想，在店面租約期限內想收店，最好的方案是頂讓給有意接手的人，如果頂讓不出去，只能硬著頭皮經營下去（而且有可能是繼續賠錢做生意），或是損失 2 ～ 3 個月押金認賠殺出，另外尋找開店地點，所有裝潢重新再來一次，外加再準備 2 ～ 3 個月的店面押金。

美食街

假設有辦法打進美食街設點，創業者通常只要準備好廚具設備（設備成本跟開街邊店差不多），進駐美食街後，每個月再分攤一定的**裝潢費用**給美食街經營者即可。簡單地說，美食街經營者和創業者之間算是**合夥關係**，美食街經營者等於是創業者的股東，而美食街經營者這個股東幫創業者做了很多事——像是找來龐大且穩定的消費人潮、幫創業者準備好空調、排煙設施、靜電機、消防設施，連店招牌、用餐區的桌椅都事先協助創業者安裝妥當。

這等於說美食街經營者先幫創業者把開店設備都準備好，創業者只要將廚具設備進駐專櫃，再加上 3 ～ 4 個人力，就能在商場美食街做生

意，因此大概只要準備 60 ～ 70 萬元即可開業。

街邊店 vs 美食街，哪個毛利高？

如果覺得只要靠自己的高超廚藝就能吸引四方食客，不需要做行銷了，那麼開一家街邊店，扣除店租、食材、廚具設備、水電、人事費用、稅金，剩下的都算是業者的毛利。而在商場美食街設櫃，因為商場已經幫你先支出開店的各種設備費用，因此當你開始營業後，自然應按月將店租、設備費用、清潔費用等返還給商場，通常我們把這些費用簡稱為「**抽成**」。

1 商場會依據節慶推出活動，圖為美食
　街在中秋節做的特別裝置。
2 聖誕節也是百貨公司行銷的重點。

一般來說，商場對美食街櫃位的抽成是營業額的 20 ～ 25%，越是強勢的商場，抽成的比例就越高，但商場會跟創業者共同承擔美食街的經營風險，如果美食街頻繁換店家，對商場本身也不是好事，因此商場也會在能力範圍內協助業者經營。

而且商場有專職行銷人員，會按季節、節慶推出行銷活動吸引人潮，就效益來看，美食街行銷活動所吸引的人潮比街邊店的行銷效益要高出許多；餐飲業者在開街邊店時，通常都只把心力集中在餐點和店面裝潢上，開業後的行銷活動反而無心顧及，通常由老闆自己兼著做，若外包給行銷公司，賺的錢搞不好還不夠支付行銷公司的費用。**因此就行銷活動提昇營業額的角度來看，美食街設櫃要強過街邊開店。**

街邊店 vs 美食街　利潤各有利弊

如果兩者同樣生意都很好，街邊店的毛利就會比較高，因為美食街經營者會抽成 20 ～ 25%，賺的錢並沒有全部進你的口袋。但換個角度看，百貨公司等於是你的股東，他們出了 20 ～ 25% 營業額的資金讓你做生意，你只要準備廚具設備即可，甚至連外場桌椅都不用準備，所以兩者有好有壞，就看創業者自己評估。

適合進駐美食街的族群

街邊店不是只有缺點，美食街設櫃也不是毫無缺點，只是就客觀的角度來看，美食街能吸引跨商圈消費者，消費族群涵蓋範圍較廣，適合**已經有一家街邊店，想走連鎖經營的餐飲業者進駐**。只要確定自己的餐點口味有特色，有能力設計具特色的套餐組合，又能積極熱情招呼客人，就能在美食街打造自己的連鎖餐飲王國。

尚未開店的創業者，想以進駐美食街做為創業第一步，因為沒有一家店讓美食街開發人員做為參考依據，所以大部分的開發人員都不太可能冒險讓沒任何開店經驗的創業者在美食街開店。不過即便如此還是有少數的特例，我們會在 Chapter 4〈實際申請美食街櫃位 〉（見 P.98）說明，但建議如果想進美食街設櫃，最好還是先努力經營好一家街邊店，機會才會提高。

專家建議…

開街邊餐廳 vs 美食街設櫃　優缺評比

「開一間街邊店」以及「進駐美食街設櫃」各有優缺點，要選擇哪種創業模式，讀者可參見下表，並依據自身狀況與理念評估：

	美食街設櫃	開街邊餐廳
設計風格	需遵守美食街經營公司的合約規範。	可展現店家自我風格。 勝

	美食街設櫃	開街邊餐廳
集客力	美食街因為依附於購物中心或其他設施,所以可吸引大量人潮。(勝)	主要客群會集中在店面周圍的商圈。
曝光度	商場美食街可吸引跨商圈的人潮,消費者在美食街逛的時候就很容易看到櫃位品牌並產生印象,也就增加了品牌的曝光度。(勝)	除非經過,顧客不容易發現新開了一間街邊店,需要靠長期的行銷耕耘和顧客的口碑行銷。
前期裝修成本	一開始只要投資廚具設備即可開始做生意,營運後再按月攤提給業者,前期業者有較多的資金可運用。(勝)	必須由業者全額投資。
獲利	開業後要支付每月營收的一定比例給美食街經營方。	盈餘都是自己的。(勝)
鄰里反應	美食街因為都在商業區或特定區域,距離住宅區有一定距離,比較不會因噪音、油煙等問題被抗議。(勝)	街邊店可能位在商業區,也可能位在住商混合或住宅區,因此需顧慮社區鄰里反應。開街邊店大都會有噪音、環境的汙染(油煙)問題,鄰居的抗議也隨之而來。

02
{ 商場美食街的種類及特色 }

提起美食街，大家第一個想到的大多是百貨公司跟購物中心的美食街，不過美食街並不僅限於此，越來越多機構也都開設美食街，除了方便內部人員用餐外，也期望能夠透過吸引外人前來用餐的方式，行銷機構或增加收益，接下來我們來介紹各種賣場的美食街及其生態。

百貨公司及購物中心美食街

近年來百貨公司或購物中心美食街有開始朝大型化發展的趨勢，根據觀察，原因在於景氣與消費習慣反轉。這幾年薪水停滯，物價逐步上漲，逛街成為假日打發時間的主要選擇，特別是炎熱的夏天，百貨公司及購物中心總是擠滿吹免費冷氣的消費者，而享用美食一直都是市井小民的小確幸，消費幾百元就能得到滿足，這都是推動美食街大型化的原因。

百貨公司和購物中心同屬於綜合型的購物商場，就樓板面積來看，購物中心的量體比百貨公司大，例如高雄和臺南的夢時代廣場，通常商場的面積越大，吸客能力和顧客的胃納量也大，也能提供更大面積的美食街空間，所以通常購物中心的美食街會比百貨公司的美食街來得大。

在交通方面，百貨公司多半在交通繁忙的市區，購物中心則在占地寬廣的郊區，雖然百貨公司的停車場經常不敷使用，但百貨公司通常在大眾運輸便利的商業地段，例如北高兩市的百貨公司，大多位於捷運站附近，其他城市的百貨公司也多在火車站或主要幹道上，公共交通很便利；至於在市郊的購物中心則會提供大停車場，方便消費者開車前來消費。

現在的百貨公司或購物中心都是綜合型賣場，不少還會增設休閒娛樂設施以吸引逛街購物以外的人潮，像電影院可以吸引年輕族群，有些購物中心則會有遊樂園，吸引有小孩的家庭。

購物中心希望每家店都有自己的設計特色，所以只要在購物中心設定的規範內，店家有設計規畫自主權，店家在櫃位設計上比較有自由發揮的空間；百貨公司大多是大樓格局，單一樓層的樓板面積比購物中心小，所以開放給美食街專櫃業者的自主設計權會少一點。

現在百貨公司或購物中心的美食街除了成排的專櫃外，也會加入約20～30坪的小餐廳，以豐富美食街的主題性和選擇性。這些餐廳都有各自的特色和經營風格，以增加顧客逛街的樂趣，另外也有百貨公司或購物中心，將美食街全部改成小餐廳的格局，然後對外招商，當然進駐這類小餐廳的成本，會比櫃位高很多。

1 為打造獨特性，百貨公司美食街的公共區也設計得像餐廳。

2 百貨公司美食街的裝潢美輪美奐，讓消費者用餐更為享受。

〔 如何判斷這家百貨值不值得進駐 〕

雖然百貨公司或購物中心的美食街是許多餐飲業者的首選，但也不是所有的百貨公司或購物中心都生意興隆，根據經驗，我們可將百貨公司或購物中心分成 A、B、C 三級：

A 級商場	● 交通非常便捷，緊鄰交通樞紐，商圈內有三鐵共構或巴士轉運站，由多家百貨公司或購物中心形成人潮重疊輻射的「複合型商圈」。 ● 美食街專櫃的平均月營業額 100 萬元以上。
B 級商場	● 交通便利，商圈內至少要有鐵路（高鐵、臺鐵）、捷運、巴士等其中一種交通系統，社區外人潮藉由便利的大眾運輸系統前來，屬於跨社區的「區域型商圈」。 ● 美食街專櫃的平均月營業額 80 ～ 100 萬元。
C 級商場	● 交通尚稱便利，但消費功能較單一的「社區型商圈」，人潮大多以社區居民為主。 ● 美食街專櫃的平均月營業額 60 萬元以下。

C 級商場不管是平時或假日，人潮總是稀稀疏疏，而且在逛 C 級商場時，會發現常常有空櫃位。要判斷商場的美食街值不值得進駐，其中一個觀察重點就是——看專櫃是不是常常更換品牌。

像 SOGO、新光三越都屬於強勢的 A 級商場，專櫃更換的頻率不高，但如果是生意欠佳，專櫃經常換來換去的 C 級商場，就表示不是專櫃業者覺得生意不如預期而主動撤櫃，就是被商場三振出局。因此**進駐百貨公司或購物中心美食街之前，至少要在假日以及非假日，進行幾趟實地考察，看看美食街或其他專櫃的營業狀況。**

專家建議

專櫃業者營業等級

以經營者的角度來看美食街專櫃業者，也可分成 A、B、C 三級，
A 級的專櫃業者每月平均營業額在 100 萬元以上，B 級的專櫃業者
每月平均營業額在 80 ～ 100 萬元之間，C 級的專櫃業者每月平均
營業額在 60 萬元以下。

美食街設櫃要主動積極

美食街的種類繁多，不只百貨公司、購物中心才有美食街，還有許
多機構單位或通路也設有美食街，建議多聽多看多找，就能發現有
各種美食街等著業者進駐。

量販店美食街

量販店就是提供一般家庭購買日用品的大賣場，因為以低價為訴求，
因此量販店不管是商品、裝潢都給人平價的感覺，消費者來量販店單
純為了省錢，不像百貨商場可逛可買可玩，大多數人到量販店都是買
完就走。

但近年來量販店的經營模式也跟著景氣反轉而改變。網購日益普及，
加上食安風暴的衝擊，消費者對食品通路商的信心下降，量販店的生
意也受到影響，為了提振消費力，量販店開始引進美食街的概念，向
上爭取原屬於百貨公司的逛街休閒客群。像是家樂福、大潤發、愛買

等都大舉提昇裝潢，吸引更多消費者來購物順道享受美食。根據量販店業者的反應，自從量販店增加美食街的面積後，帶動美食業績成長2成，也連帶刺激量販店的營業額。

量販店的基本客群是為家庭採買的菜籃族、退休父母或家庭主婦，很多人會在採購完後順道吃個便飯，此外量販店商圈內的上班族，中午休息時間也會選擇來量販店的美食街用餐。

量販店美食街在格局方面，大多以ㄷ字型為格局（美食街專櫃圍繞四周，中間是用餐區），設計風格比較制式與標準化，不像百貨公司美食街專櫃那麼有設計感。

量販店美食街專櫃的單價也因應量販店的屬性，平均比百貨公司美食街的單價低 10%，比較適合平價餐飲進駐。

1 大賣場的美食街一向簡樸，但現在也開始在裝潢上下功夫。
2 大賣場美食街的單價平均比百貨公司美食街低 10%。

醫院美食街

這幾年，越來越多醫院將美食街列入經營規畫的一環。仔細觀察會發現醫院有三類龐大的人潮流動：

❶ 住院、門診看病的病患。

❷ 醫護人員。

❸ 照料病患的家屬、看護及探病的親友同事。

這三類人群是龐大的美食街消費族群。

醫院美食街的規模大致上取決於醫院的規模，位在市區的醫學中心或大型醫院的美食街比地區型醫院要大，以臺大醫院美食街為例，光是每天的門診人數就高達 8,000 人，地下室美食街的美食專櫃提供漢堡速食、西式麵包、日本料理、韓式料理、中式料理、臺灣小吃、素食、餡餅、果汁、茶飲、咖啡等，滿足不同消費者的需求，用餐時段可媲美百貨商場美食街，一位難求，常看到座位旁就站著等別人用餐完畢的客人。除了臺北的臺大醫院之外，臺北、臺中、高雄三地的榮總、林口長庚、臺北的馬偕、新北市新店慈濟綜合醫院、新北市署立雙和醫院都有頗具規模的美食街。

如果是地區型醫院的美食街，有可能只是一個自助餐廳，方便醫護人員用餐，這樣的自助餐廳通常由院方提供場地，以及所有的烹調設備器材，業者只要負責食材和烹調出餐即可。

價格方面，醫院美食街的單價會比百貨公司美食街要低一些，另外，

所有醫院美食街都會針對醫院的醫護人員提供用餐折扣，平均在九折到八折之間，如果是教學中心的話，搞不好拿學生證消費也能打九折。所以有人說醫院美食街的生意不好做。不過生意好不好，還是要看人潮，大型醫學中心的人潮幾乎沒有間斷，只要顧客數量夠多，其實還是有利潤的。

地點也影響醫院美食街專櫃的收益。像臺大醫院位在臺北市中心，鄰近捷運站，不僅交通便利，臺大醫院美食街所在位置的主樓就在馬路邊，附近又是行政區，這一區的上班族，中午覓食時能選擇的店不多，因此臺大醫院美食街自然也成為重要的用餐區。

位於臺北石牌的榮民總醫院美食街也越來越熱門，附近有熱鬧的夜市和住宅區，從醫院大門到美食街所在的主樓步行不超過 2 分鐘，附近居民去用餐也很方便，而美食街專櫃跟夜市店家又有區隔，因此也能吸引當地居民前往消費。

不過也不是醫院規模越大，美食街的生意就越好，像是位於臺北內湖的三軍總醫院雖然也有美食街，不過地處偏遠，那裡既不是行政區也不是商業區，加上三軍總醫院占地廣大，美食街所在的主樓距離大馬路步行要 10 分鐘，這對只是想利用中午短暫時間用餐的上班族來說過於遙遠，因此三軍總醫院的美食街，是封閉型商圈，外來客群較少。

通常醫院美食街會更重視食材和烹調過程的安全性，清潔衛生的標準高，這一點是想進醫院美食街的業者要注意的。

企業集團總部美食街

企業集團總部美食街是近年來逐漸受到矚目的另一種美食街類型，企業總部美食街大多是封閉式，平常日以企業員工為基本客群，不過最近開始出現開放式美食街，通常都是因為這種企業總部位在交通樞紐，希望能吸引假日的人潮，創造新的商機，以平衡週末的經營落差。像位於臺北南港的中國信託總部美食街、高雄軟體園區的中鋼會館，都是對外開放的美食街。

至於像竹科、中科、南科等科學園區的企業總部美食街，算是它們的員工餐廳，很多科技公司的工廠都是 24 小時三班不間斷，這些企業總部美食街的消費者都是內部員工，只有少數前來洽公的外人，所以科學園區內的企業總部美食街算是封閉式美食街。不過各園區行政大樓附近會設有對外開放的美食區，裡面也有不少餐廳或美食櫃位，一般民眾只要開車進去就能用餐。

高速公路服務區和機場美食街

高速公路服務區（一般習慣稱為「休息站」）和機場美食街都屬於人潮流動性高的消費區，過去這兩個地方的美食街都很難經營，因為會到高速公路休息區和機場的人都是要到下一個目的地，而這裡只是短暫休息、買便當、上廁所的地方。

〔 高速公路服務區 〕

因為來也匆匆去也匆匆，過去的服務區從外觀到內部裝潢服務都很簡單、陽春，但現在的高速公路服務區跟過去完全不一樣，許多服務區經過得標廠商的經營，搖身一變，成為另類的觀光景點，搶攻旅客商機。

像是臺中清水服務區、臺南東山服務區都是高速公路服務區轉型成功的案例，清水服務區是情侶欣賞夜景的最佳景點，東山服務區則引進日本國道服務區百貨專櫃、美食街的概念，成為高速公路首要大型複合式商場，都是希望改變高速公路用路人的習慣，延長停留時間，增加消費次數和金額。

現在經過重新裝潢的高速公路服務區通常有以下的營運服務：
❶ 超商賣場。
❷ 餐飲服務。
❸ 土特產販售。
❹ 輕食點心專櫃。
❺ 百貨專櫃等。

所以想進軍高速公路服務區的餐飲業者可考慮「餐飲」或「輕食」這兩個專櫃。

以國道三號關西服務區的關西便當為例，關西便當結合客家傳統美食和創意料理，雖然只設計出客家鹹豬肉、客家梅干扣肉、客家桔醬豬排、客家雙拼、客家梅汁雞腿等五款客家特色便當，但在午晚餐時

段，總是造成排隊人龍，特別是客家鹹豬肉、客家梅干扣肉這兩款傳統客家風味便當，往往上架沒半小時就銷售一空，可見只要產品規畫有特色，即使在高速公路服務區還是能做出口碑和銷量。

目前全臺灣共有 14 個高速公路服務區，分別由新東陽、統一超、南仁湖、全家、海景世界、大西洋飲料等 6 家經營者得標經營，剛剛所提到的關西服務區、清水服務區就是由新東陽得標經營，東山服務區是由南仁湖得標，仁德服務區則是統一超得標，也是臺灣高速公路唯一有星巴克咖啡的服務區。

現在臺灣高速公路服務區每六年重新招標一次，因此如果有意進駐，可注意得標經營者的消息，也可直接打電話去詢問是否有專櫃開放的機會。

〔 機場美食街 〕

另一個針對旅客商機的通路就是機場美食街，機場的旅客流量不比高

1 為提昇消費率，現在的高速公路休息區都會規畫富有特色的美食街。
2 清水服務區的美食街有各種選擇。

速公路差，以桃園國際機場為例，2014 年桃園國際機場的旅客運量創下 3,580 萬人次的歷史新高，年成長率達 11.4%。

臺灣規模較大的機場美食街是桃園國際機場的第一及第二航廈美食街，目前第一航廈美食街是由新東陽經營，第二航廈美食街則是由義美得標。現在機場美食街也跟高速公路服務區美食街一樣鹹魚翻身，經營者也願意尋找深具特色的餐飲或小吃業者進來設櫃。

要注意的是，這些商場都會定期重新招標，也不是每個經營者都能連莊，所以如果想要到機場美食街設櫃，最好打電話到桃園國際機場詢問當時的經營者是哪一家。

能進駐機場美食街的餐廳區通常都是資金雄厚的業者，一般民眾可選擇專櫃式的美食廣場，進駐成本比美食街的餐廳區要低很多，像是新竹海瑞貢丸、現炸鹹酥雞、果汁吧、新加坡南洋料理、港式點心、日本拉麵等。

校園美食街

所謂校園美食街，通常指的是大專院校的學生餐廳，當然不少高中也有學生餐廳或美食街，像臺北的景文高中、華江高中、桃園的振聲高中等也將學生餐廳改裝成美食街。現在很多大學將餐飲部門改裝成美食街，除了希望提供學生更多元的餐飲選擇，也希望能吸引校外人士，特別是附近的居民和上班族前來光顧。像臺北商業大學的美食街

還掛上布條,強調「對外營業」以增加學校餐廳的收入,據了解,因為價格便宜,一個中午大約能做到四次的翻桌率。

除了學生餐廳之外,也有大學開出「校園創意行動餐車和攤位」招商,這會慢慢形成另一種風潮,因為校園通常都很大,很多學生光是從教室走到學生餐廳就要十幾分鐘,對要上下午第一堂課的學生來說,如果校園內有行動餐車或露天快餐攤位,可說是一大福音。像臺北科技大學就推出「校園創意行動餐車或攤位」招商,而且不限於公司行號,連個人都能申請攤位投標。

雖然越來越多學校將學生餐廳或美食街委外經營,不過學校大抵還算是封閉型通路,客層還是以學生和教職員為主,他們的用餐預算不高,而且學校一年平均有將近四個月休假,只有八個多月的經營期,有些學校美食街到週末也不營業,算起來一年能營運的日子實在不算多,所以想進駐校園美食街的業者最好多做評估。

業者在進駐校園美食街前,要問清楚學校的師生人數,推估每天的消費人數和可能的營業額、週末是否營業、產品單價有無設限等問題。

遊樂園&觀光景點美食街

遊樂園與觀光景點兩者的性質較為接近,吸引的都是前來遊玩的客群。臺灣遊樂園有所謂的「三六九」之稱,指的是劍湖山、六福村和九族文化村三大主題樂園,現在的後起之秀則是 2011 年開幕的義大

世界，此外像麗寶樂園（也就是以前的月眉育樂世界）、臺北兒童新樂園等，也都是臺灣知名的遊樂園。

遊樂園的三大收入包括：門票收入、紀念品和餐飲。傳統遊樂園和觀光景點多半位在郊區，假日和平常日的人潮差距確實比市區商場來得大，不過只要遊樂園的遊樂設備夠好玩，觀光景點有特色，即使是平常日，還是有一定的人潮。現在也有越來越多遊樂園設於交通便利的市區或市區邊緣，假日和平常日的人潮差距不大，像是高雄大魯閣草衙道購物中心及鈴鹿賽道樂園，算是遊樂園加觀光景點的最新綜合體，除了遊樂設施之外，進駐的專櫃店家就高達上百家，吃喝玩樂一次滿足。

這類型的美食街會受季節影響，濕冷的冬季人們不喜出門，來客數大減，夏季才是一年中最大的收入來源。然而臺灣屬副熱帶氣候，可以穿短袖的日子長達 7 個月，再加上現在遊樂園推出星光票，營業時間拉長，增加下午才入園的人潮，即使冬季的人潮會少一些，一年平均下來的經營績效還算是穩定。

結語

不管是哪一種通路的美食街，都要先了解這個通路的胃納量和吸客能力，值不值得進駐，再做進一步的規畫。雖然美食街有不同的形態，不過隨著醫院、機場這種原本是封閉通路的美食街透過賣場改造和經營提昇，吸引越來越多人前往消費，也使得這些封閉通路漸漸成為封

閉及開放的綜合型通路。

想進入各種通路的美食街，最重要的是，要有「不太可能馬上就能進駐」的心理準備，畢竟餐飲業者都想進入強勢的通路，建議大家可從自我推薦開始著手。

先審視自己的產品有沒有特色，撰寫一份吸引人的企劃案，然後找到美食街經營者，打電話過去詢問負責招商的窗口主動自我推薦。如果經營者對你有好感，認同你的產品，下次有專櫃空位時，你自然就會成為優先考慮的店家。　（自我推薦相關細節可參考 Chapter 4〈實際申請美食街的櫃位〉，見 P.98）

專家建議
…

不同通路的美食街餐點設計也要不同

不同通路的美食街由於客群及消費目的不同，必須設計不同的特色餐點，才能打動消費者的心。例如在量販店和學校美食街，消費者的消費心態和預算會比百貨公司美食街來得低，因此在單價上應該再拉低一些，利用幾個小碟盛裝小菜，讓消費者有「菜色多又便宜」的高 CP 值感。高速公路服務區的消費者都只是短暫停留，在此經營美食街可以便當為主力商品，可設計具有當地特色的便當，也可設計季節限定便當，這都是塑造品牌的方法之一。

03
{ 美食街的業態分類 }

美食街餐飲專櫃種類

要進駐美食街前，應該先了解美食街有哪幾種餐飲專櫃，整體而言，美食街的專櫃可大致區分為：**1. 熟食櫃、2. 飲料櫃、3. 輕食櫃、4. 餐廳等四種**，其中以熟食櫃的專櫃最多，飲料櫃和輕食櫃的數量較少，餐廳則有日益增多的趨勢。熟食櫃和飲料櫃是互補的業種，這是因為消費者在吃完飯後，通常都會覺得口渴，或是習慣吃飯後來杯飲料。

輕食櫃多半予人點心、下午茶的消費印象，而美食街的重點時段是午餐，下午時段人潮反而少，會使得輕食櫃的生意比較不好做。輕食櫃比較適合設立在流動人潮多、流量大的地方，例如交通樞紐、車站、夜市等地比較適合，像臺北捷運市政府站地下二層的輕食專櫃就較多，另外，觀光景點也很適合方便外帶的輕食櫃或餐車。

由於東西方飲食習慣不同，華人的飲食習慣會把西式輕食像可麗餅、墨西哥卷餅、印度烤餅等認定為下午茶點心，但多數西方人則是把墨西哥卷餅、印度烤餅當成中餐，像臺北大直的大食代美食廣場的印度風專櫃有販賣烤餅，在午餐時段常有附近的歐美上班族前來用餐，但對臺灣人來說，還是要吃飯才會覺得有飽足感。

1 甜品飲料專櫃在美食街也有一定的需求度。

2 飲料櫃利用各種鮮果裝飾來吸引消費者。

3 很多西方人喜歡拿沙拉當正餐,因此在加拿大的美食街也能
　看到沙拉吧櫃位。

4 可麗餅這種西式輕食經過再設計也能晉升到美食街設櫃。

美食街料理分類

開一家街邊店，創業者可以完全主導店內菜單，也可以天馬行空開發各種見都沒見過的創新料理，頂多看看商圈內有沒有賣同樣料理的競爭對手就可以。

商場美食街的經營策略則希望在美食街裡提供各種市場上的主流商品，讓消費者在美食街逛一圈後，都能找到自己想吃的餐點，同時為了做到商品區隔性，美食街的櫃位也不會像街邊店一樣什麼都賣，而是會由美食街經營者和業者商量，討論出每個櫃位的商品組合，這樣才不會造成各櫃位的商品嚴重重疊，才能創造各櫃位的利潤最大化。

如果細心一點的話，會發現商場美食街的櫃位平均不會高於 20 家，至於美食料理的分類，以臺灣的商場美食街來看，大抵可分成以下六大類：

美食街料理分類表	
臺式	炒麵、炒米粉、蚵仔煎、肉圓、魷魚羹、肉羹湯麵、飯類、麵類、各地知名小吃、快炒。
中式	以八大菜系為區分，如上海菜、湘菜、川菜等。
日式	拉麵、丼飯、烏龍麵、炸物、蛋包飯、咖哩飯、壽司、火鍋。
韓式	鍋物（泡菜、豆腐鍋、石頭鍋）、烤肉、拌飯、年糕。
西式	鐵板排餐、義大利麵、焗烤、披薩、漢堡、三明治、炸雞、墨西哥卷餅。
東南亞	南洋料理（新加坡、馬來西亞）、雲泰料理（泰國、雲南）、越南、印度、緬甸、尼泊爾。

以上的美食料理分類表算是臺灣美食街普遍的分類，每位進駐美食街的業者都可以根據以上的分類先自我歸類，看看自己屬於哪一個類別，再找出自己的強項。

商品組合

在進一步分析以上各種美食料理在美食街的定位之前，我們得先將美食街櫃位的商品組合定義清楚，這種因應美食街櫃位營運的「商品組合定義」及「組合模式」，對任何想從事餐飲創業的人都有很高的參考價值。

每一家餐廳的產品，都可區分為 **1. 主力（暢銷）商品**、**2. 輔助商品**、**3. 基本商品**這三種，詳細可以參見以下的圖表：

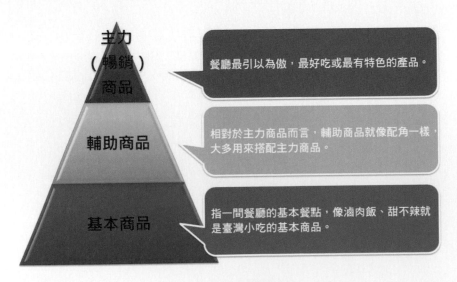

主力（暢銷）商品 — 餐廳最引以為傲，最好吃或最有特色的產品。

輔助商品 — 相對於主力商品而言，輔助商品就像配角一樣，大多用來搭配主力商品。

基本商品 — 指一間餐廳的基本餐點，像滷肉飯、甜不辣就是臺灣小吃的基本商品。

▎美食街商品組合

〔 主力商品 〕

業者最引以為傲，是一間餐廳最好吃或最有特色的產品。通常也是一間店的暢銷商品，如果主力產品不暢銷，業者得仔細思考主力商品的製作品質或口味穩定度是不是出了問題。

〔 輔助商品 〕

輔助商品的概念是相對於主力商品而言，它就像配角一樣，大多用來搭配主力商品。輔助商品通常不會是熱銷商品（主力商品才是），不過一間店的輔助商品也可能是另一家店的主力商品，反之亦然。

〔 基本商品 〕

指的是一家餐廳的基本餐點，像滷肉飯、甜不辣就是臺灣小吃的基本商品，大多時候基本商品會是一間店的主力商品。

臺式小吃

該怎樣規畫一間臺式小吃店的餐點，這邊我們以一間餛飩店為例，老闆除了賣他最引以為傲的餛飩之外，也賣豬腳飯、臺式咖哩飯、牛肉麵，乍看之下什麼都有賣，而且這幾樣都能當成主力商品，如果店家開的是街邊店，這種包山包海的菜單也不是不行，但如果想在美食街設櫃，這樣的菜單只會讓自己的**櫃位產品失焦**。如果這家餛飩店要申

請進駐美食街,我們會建議店家這麼做:

● **將主力商品鎖定在餛飩麵、乾麵。**
● **再結合滷肉飯做為輔助商品即可。**

另一家以麻油雞為主力商品的店家,則建議他可以加上炒麵、炒米粉做為主力商品,再搭配蚵仔煎、豬血湯、貢丸湯等輔助商品組合成套餐。

如果是以肉燥飯為主力商品,則可以加上乾麵、魷魚羹、肉羹等普遍受歡迎的小吃做為輔助商品,**讓消費者多一個選擇,並視銷售狀況調整這些輔助商品與主力商品的搭配。**

如果店家的主力商品是有地方特色的小吃,那就可以選一些基本商品來做搭配推出套餐。我們以基隆廟口的鼎邊趖為例,單吃鼎邊趖這種小吃是吃不飽的,這類型店家在進駐美食街時,我們會建議他可以搭配滷肉飯、甜不辣組成套餐,如果就商品屬性來看,這三種餐點都可單獨成為主力商品,組合起來就是強強聯手,成為在美食街頗有競爭力的套餐。

如果要經營地方特色小吃,就要很清楚小吃的輔助商品組合,像主打北投魷魚羹的櫃位,就會搭配魷魚羹麵、滷肉飯、燙青菜、小菜等輔助商品,嘉義火雞肉飯可以搭配羹類或湯類(像是豬血湯、味噌湯)做為餐點組合;臺南虱目魚羹則可以與擔仔麵、土魠魚羹、虱目魚魚丸等做靈活搭配。

中式料理

中式料理可用菜系來區分，臺灣的美食街大抵以上海菜、湘菜、川菜為主流，不少美食街的上海菜就是把東坡肉，蟹黃豆腐煲等知名的上海菜做成套餐，另外川菜有麻辣燙，湘菜（湖南菜）則有左宗棠雞套餐等。不過也有美食街櫃位融合不同菜系的菜色，例如將上海菜和川菜結合在菜單裡，甚至將著名的贛菜（江西菜）——三杯雞也加入，只要是消費者喜歡的菜色，其實一同放進菜單也無不可。

我們以某家在「臺北捷運市政府站地下美食街」設櫃的中菜專櫃的菜單來看，他們有蟹黃豆腐煲、蛤蜊絲瓜（上海菜）、鴨血肥腸煲、蒼蠅頭（川菜）、塔香三杯雞（江西菜）等，每道菜都超級下飯。他們光是用三杯醬就推出三杯雞、三杯中卷、三杯杏鮑菇此 3 道料理，使用單一基本醬料就變化出 3 樣產品（三杯醬＋雞肉＝三杯雞，三杯醬＋中卷＝三杯中卷，三杯醬＋杏鮑菇＝三杯杏鮑菇），就可以降低醬料的研發和生產成本，這就是典型的「模組化料理」。

但要注意的是，在規畫中式料理的菜單時，最好還是以美食街已經有看過的菜色做為選項，但可以在基本的調味之外，增加不同的食材搭配。除非很有把握，否則以中式料理來說，消費者在美食街是不太願意嘗試太過新穎的菜色。

日式料理

日式料理算是外國料理中頗受臺灣消費者歡迎的菜系,隨著日式料理進入臺灣的時間越長,料理的分類也越細。

日式料理可區分成炸物、定食類、丼飯、生魚片海鮮、鍋物。其中以丼飯店商品涵蓋性最廣,包括生魚片、握壽司都可以賣。至於百貨公司美食街的日式櫃位中,熱門的商品有蛋包飯、日本咖哩、日本丼飯(親子丼飯、炸物丼飯、生魚片丼飯)、壽司專賣、拉麵、烏龍麵專賣,日式小火鍋等。

有些以拉麵或烏龍麵為主的專櫃也會結合丼飯做為餐點項目,通常以麵類為主力商品的專櫃,菜單上多半能看到丼飯,不過如果是賣丼飯的專櫃卻不見得會將麵類商品列入菜單。原因很簡單,因為臺灣消費者還是以米飯為主食,很多人不吃飯會覺得吃不飽,因此飯類商品都會被優先納入菜單。

韓式料理

美食街的韓式料理以 **1. 鍋物**、**2. 飯類**、**3. 烤肉類**為主,這三類料理都是主力商品,也可以互相搭配成套餐。以往韓式料理在美食街中所占的櫃位較少,但近年韓流來襲,臺灣人對韓式料理的接受度也越來越高。

韓式料理以泡菜、烤肉、年糕、海鮮等為主要食材，應用在主力商品上，可以做出下列的變化：

鍋物菜單	海鮮豆腐鍋、泡菜鍋、豆腐鍋、年糕鍋、部隊鍋等。
飯類	石鍋拌飯、韓式烤肉飯等。
烤肉類	海鮮烤肉飯、泡菜烤肉飯等。

如果再加上辣炒年糕、光是這樣就已經設計出 10 餘種主菜，再搭配韓式料理中很重要的各種小菜，並加上湯品、飲料，就可以組成 10 種套餐，一般來說，只要有 10 ～ 13 種套餐，就可以在美食街設櫃開業了。

西式料理

美食街的西式料理，以排餐、麵類（特別是義大利麵）這兩種為大宗。麥當勞、肯德基此兩大速食品牌也很常見，另外強調新鮮現做的潛艇堡也保有一定的市場。除此之外，焗烤類、墨西哥卷餅、印度烤餅咖哩也是所需營業面積小，很適合在美食街設櫃的西式料理。

除了麥當勞、肯德基之外，目前還是

潛艇堡以新鮮現做為特色。

有很多獨立經營的美式速食店進駐美食街，他們又是如何在兩大美式速食品牌夾殺下，闖出一條路？我們從其中一家進駐臺北3C商場美食街的美式漢堡店的菜單發現，產品有特色又好吃，顧客才願意買單。他們以牛肉、豬肉、雞肉、起司、熱狗做為主要食材，再加上這家店的特色特辣鬼椒調味料，利用煎、烤、炸等手法，就能變出牛肉起司堡、豬肉起司堡、鬼椒牛肉起司堡、日式燒肉三明治、鬼椒熱狗堡等各種菜色。

東南亞料理

這裡說的東南亞料理，涵蓋範圍不只是東南亞，而是延伸到南亞，但為求方便，業界統一將南亞料理也併入東南亞料理。過去唯一廣為國人接受的東南亞料理是泰國菜，近年來，隨著東南亞旅遊日盛，國人對東南亞各國飲食也不再陌生，加上嫁來臺灣的新住民也帶來家鄉口味，更使東南亞料理自成一派。

受印度移民的影響，咖哩是新加坡的平民料理。

如果要將東南亞料理加以細分，可大致分成受到印度移民大量使用咖哩影響的新加坡、馬來西亞的「南洋料理」，泰國、雲南的「雲泰料理」，獨樹一幟的「越南料理」，以及涵蓋印度、緬甸、尼泊爾的「印緬料理」。

美食街餐點設計原則

〔 聚焦主力商品 〕

想進軍美食街設櫃，首先要先根據以上的料理菜系自我分類，看看自己是落在哪一個菜系，接著去美食街做市場調查，看看跟你同菜系的業者是怎樣安排菜單，分析他們的主力商品、基本商品、輔助商品分別是什麼，回來後再試著將自己的菜單重新做分類，然後找出 5 ～ 6 項自己認為深具特色的料理做為主力商品，再搭配能夠輔助主力商品的其他菜色。

要注意的是，美食街一個櫃位的重點產品會控制在 10 ～ 15 項，再利用套餐的方式加以組合變化，讓產品看起來多樣化。將產品控制在 15 項上下的主要原因是，倘若商品太多反而無法聚焦，食材的準備和料理過程也會變得複雜，而且商品過多，消費者也會不知怎麼選擇，在講求出餐速度的美食街會造成反效果。

專家建議

設計菜單的「三易原則」

不管是美食街設櫃還是自己開一家街邊店餐廳，設計菜單一定要記得一個原則，那就是要讓顧客「易看、易選、易買」。過於豐富多元的菜單，反而會讓消費者不知如何選擇。只有讓消費者能快速選擇、快速結帳，才能提高迴轉率，增加營業額。因此美食街專櫃的主要商品，大約在 10 ～ 15 項即可，並以成套餐方式販售，這樣才能符合「三易原則」。

〔 食材、醬汁重複使用 〕

同樣的食材、醬汁可透過烹調手法創造出不同餐點。

以義大利麵為例，美食街義大利麵專櫃的菜單以義大利肉醬、奶油、白酒、青醬、茄汁、培根、蛤蠣等這幾種素材或醬汁，就能變化出十多種口味的義大利麵，像是番茄肉醬義大利麵、白酒蛤蠣義大利麵、青醬蛤蠣義大利麵、奶油培根義大利麵等，如果再加上焗烤飯和焗烤麵，以及三種口味的披薩，就有將近 15 道義大利料理。

利用這種手法來設計菜單，因為食材統一，可壓低成本，料理流程也得以簡化，可說一舉數得。

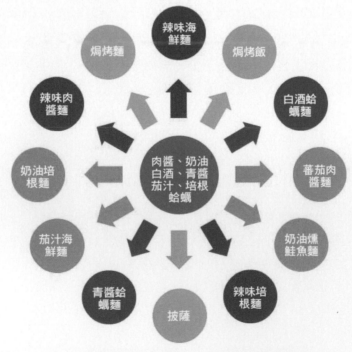

┃ 食材與菜單的關係——以義大利麵為例

〔 顧客導向 〕

在美食街設櫃和在開街邊餐廳不同,心態和思維都需要調整。

曾有知名排骨飯餐廳到百貨公司美食街設櫃,原本在街邊開店生意興隆,但到了美食街,平常日的生意還不錯,可是週末假日的業績卻難以起色,甚至比平常日差。業者想破頭也找不出原因,其實只要觀察美食街的商圈和顧客消費習性,就能知道為什麼假日的生意難以起色。

這家排骨飯餐廳在百貨公司美食街設櫃,因為價格合宜口味好,平常日連百貨公司員工、櫃姐都會來叫外賣,加上附近的上班族也來光顧,可見在平常日,除了逛街的消費者,用餐時間短暫、預算有限的上班族也是這家店的主要消費族群。

商場美食街平常日的餐點以價格便宜、口味好、出菜速度快、用餐時間短的料理較吃香,然而到了假日,上班族休假,取而代之的是帶著兒童的家庭客層,這些用餐者不那麼在意價錢,他們在乎的是餐點的品質、豐富度、特殊性(平常不會吃的餐點)。

依據上述推論,建議業者平常日與假日推出不同套餐,滿足不同消費族群。

- 平常日:推出平價、出餐速度快的餐點。
- 假日:主推豐富豪華餐點刺激消費。

在餐點製作上，平常日單點商品要簡化，最好是以套餐為主要商品，**誘導消費者集中選擇設計好的套餐組合，廚房出菜速度可以加快，因為中午上班族群的用餐時間只有一個小時，自然比假日用餐沒耐性。**此外，平常日跟假日的消費習性也有不同，平常日消費者會給自己的消費預算設限，也就是說平常日吃普通點，假日則會想要犒賞自己一下，就算餐點貴一些也能接受。

總結來說，**商場美食街的餐點設計必須符合消費者習性**，從顧客消費導向來調整商品結構，進而調整定價策略、商品組合、行銷策略。

chapter

2

成本篇

01
{ 餐飲業的基本開支 }

不管是在美食街設櫃或開一家街邊店餐廳,利潤和成本的估算都是基本功。餐飲業從籌備到營業,有幾項基本開支是跑不掉的,下面我們將詳細介紹。

籌備期

籌備期成本分析如下表:

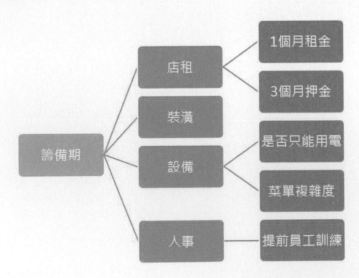

● 店租（包括押金）

街邊店籌備期至少準備一個月店租和三個月押金。美食街在籌備期不需繳交店租，營運後則按照專櫃每個月的營業額，收取固定百分比的費用做為租金。

● 裝潢

街邊店和美食街專櫃的裝潢都包括店面設計施工、設備進駐及試機等工作。街邊店需業者全額支出，美食街則是在簽約時先支付 50％的裝潢費用，或是在營運後按月攤提。

● 設備

廚具設備的成本會跟著兩件事情變動：**1. 是否只能使用電力設備、2. 餐點菜單的內容（決定廚具設備的多寡）。**

● 人事

開街邊餐廳所需人力較多，如果是在美食街設櫃，人手約開街邊店餐廳的 1／2。兩者都需要在店面或專櫃裝潢時，就開始招募人員並進行員工訓練，等正式開業後，人員也訓練完成，就可以直接上工。

根據經驗，籌備期越長，店租成本就越高，例如花了一個月才完成裝潢及設備進駐，等於多花一個月的店租成本。在裝潢方面，裝潢施工越複雜，特別是需要許多木作和泥作的設計，施工時間會拉長，相對的成本也會拉高。

在廚具設備方面，一般街邊店通常都可以使用瓦斯設備，但有些商場

因建築物法規定只能用電（例如新北市板橋車站美食街就規定只能用電廚具），如果是只能用電的廚具，專櫃業者所需負擔的成本就會高一些。

廚具的多寡也會影響採購和使用成本，如果你設計出的餐點有麵、飯、炸物、快炒、焗烤，那你所需的廚具設備，自然會比專門做炸物的店家多出許多，因此在設計餐點的時候，就必須考量設備的支出，以平衡成本。

營運期

營運期成本分析如下表：

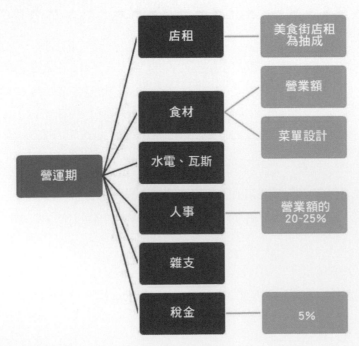

● 店租

不論生意好壞，開街邊店的店租都是固定的，美食街專櫃的租金因採抽成制，所以是跟著營業額浮動。

● 食材

食材成本跟營業額、菜單設計有關，現在原物料價格上漲，也會吃掉毛利。

● 水電、瓦斯

水電、瓦斯費用也是跟營業額和菜單設計息息相關。

● 人事

近年來政府政策日趨重視勞工權益、保障受僱者，除薪資之外的潛在人事成本如勞健保等也逐年提高，因此人事成本最好壓在營業額的 20 ～ 25％之間。

● 雜支

包含事務用品、外帶餐具、餐具損耗、設備維修費等。

● 稅金

要開發票，這 5％稅金也是成本之一。

02
{ 商場美食街的營運成本及利潤 }

想進駐美食街的業者最關注的一件事，就是經營者對美食街專櫃業者的**收費項目和收費標準**。有人形容美食街經營者就像是房東，將美食街專櫃租給業者使用，房東除了收房租（也就是業界說的「抽成」）之外，還收取各種不同的費用，也就是說美食街經營者除了會根據專櫃的業績抽成之外，每個月還要收取水電費、清潔費、管理費、廣告補助費等費用。

很多業者一聽到美食街經營者要收取這麼多費用，反應都是「錢都被你們抽光了，我們還賺什麼？」這個問題我們認為應從美食街經營者和專櫃業者之間接近合夥做生意的概念來看。

我們在第一章提到，如果我們決定找一間路邊店面開餐廳或小吃店，店面租金、店面裝潢、廚具設備、排煙和消防設備等都是在開店之前就要先支出的成本，這幾樣支出算下來就是一筆很大的費用，而這些費用是業者必須以現金支付的，我們都還沒有將人事成本和營運預備金算進去，正式開業後如果生意興隆當然是最好，但萬一生意不好，或被社區抗議被迫離開，店面頂不出去，你不是賠掉押金，就是繼續繳店租做生意。即使你願意賠掉押金，那麼店面裝潢、廚具設備、排煙、空調等設備成本將很難回收，開店前所投入的創業

資金將有去無回。

如果是到美食街設櫃呢？我們可以這樣說，美食街經營者將成為你開店的股東，美食街會幫你搞定**專櫃裝修、排煙設備**，**空調安裝、噪音防護（靜電機安裝）、消防逃生設施、客席桌椅等**，所以開業前不需要一次支出幾十萬，甚至百萬元的創業金，這些支出是在美食街專櫃營運之後，分期支付給美食街經營者——這表示你手上的資金可在開業後做更靈活的運用。

商場美食街的收費項目

到美食街設櫃，有哪些費用是專櫃業者需要支付的？相信這是業者最在乎的問題。我們將目前較普遍的收費項目羅列如下，只是不同商場的經營者，可能會有不同的服務和收費項目，這一點還是需要業者主動跟經營者詢問。

美食街經營者向業者收取的費用可分成專櫃進駐前與專櫃營運後。

在專櫃進駐前，經營者會先幫專櫃業者進行專櫃裝修，專櫃營運後，美食街經營者需要持續維護美食街整體空間的整潔及安全，另外也會協助專櫃做行銷活動，吸引更多人前來美食街用餐。詳細的收費項目，可以參見下表：

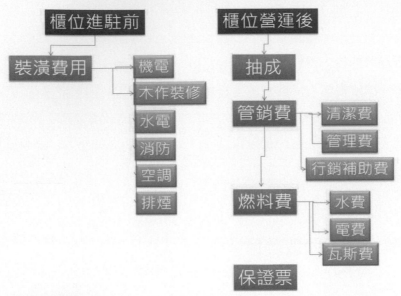

美食街經營者向業者收取的費用項目

櫃位進駐前
- 裝潢費用
  - 機電
  - 木作裝修
  - 水電
  - 消防
  - 空調
  - 排煙

櫃位營運後
- 抽成
- 管銷費
  - 清潔費
  - 管理費
  - 行銷補助費
- 燃料費
  - 水費
  - 電費
  - 瓦斯費
- 保證票

〔 裝潢費用 〕

指的是在專櫃進駐之前的裝修工程，包括排煙設備，空調安裝、噪音防護（靜電機安裝）、消防逃生設施、客席桌椅等的費用。

專櫃進駐前的裝修模式，通常可區分為：

❶ 美食街經營者統一設計、統一裝潢。

❷ 專櫃業者自主設計、自行施工，並通過商場審圖驗收。

這兩者的差別，在於開業營運之後，美食街經營者向專櫃業者每月收取的金額不同。

美食街經營者統一設計、統一裝潢

由美食街經營者先出錢幫業者完成所有的裝潢設施，日後業者要支付

給經營者的費用一坪大約要 12 ～ 15 萬元，美食街專櫃平均 8 坪，以此來估算，費用總計在 96 ～ 120 萬元之間，這些費用經營者收取方式有：

❶ 在專櫃簽約後先支付 50%。

❷ 開始營運後按月分期攤提，業者只要準備好廚具設備進駐即可。

目前商場普遍以「按月分期攤提」的方式向業者收取統一設計、裝潢費用，這個費用業界通稱為「公共裝修補助費」。

由專櫃自主設計、自行施工，並通過商場審圖驗收

指專櫃業者自己負責專櫃的設計及施工，美食街經營者僅會提供電力、瓦斯、給排水、空調、排煙等設備到櫃前定點，其他的延伸銜接設備及店舖設計到施工全部由業者自己負責，美食街經營者只跟專櫃業者收取「公設補助費」（是指上述電力等基礎設施建置到定點），業者要支付給美食街經營者的公設補助費一坪約 3 ～ 5 萬元不等，但這種作法經營者通常只開放給有餐廳經營經驗的特色店家。

專家建議

美食街櫃位裝修收費項目

我們在本章提到「由美食街經營者統一設計、統一裝潢」的收費，仔細分析其投資裝修成本，內容包括：1. 木作裝修工程（櫃檯、天花板、牆壁面、地板、招牌），這部分一坪就要 8 ～ 10 萬元，再加上 2. 機電設備工程（排給水、電力、消防、排煙、空調），因此一坪大約要 12 ～ 15 萬元。

〔 營業抽成 〕

抽成就是美食街經營者根據美食街業者每個月的營業額抽取 20 ～ 25％的費用。至於抽成的方式可分成以下兩種：

1. 純抽成制

就是按照專櫃每個月的營業額，收取固定百分比的費用做為租金，以目前百貨公司對美食街專櫃的抽成約在 20 ～ 25％之間估算，假如你在百貨公司美食街設櫃，月營業額在 60 萬元，抽成是 20％的話，就表示百貨公司的租金抽成是 12 萬元，月營業額在 70 萬元的話，抽成就是 14 萬元，反之，如果月營業額在 50 萬元的話，抽成就是 10 萬元。

2. 包底抽成制

現行部分賣場通路保障租金收費方式是「包底抽成取高」。我們還是以百貨公司為例，按照「純抽成制」的規則，萬一美食街專櫃當月的營業額只有 30 萬元，百貨公司如果只抽 20％也就是 6 萬元，百貨公司當然會覺得不符基本租金收益，因此才會有包底抽成的規則。也就是說百貨公司和美食街專櫃業者談定抽成是 20％，並協訂月營業額至少要做到 50 萬元，即使某月業績低於 50 萬元，還是要支付 50 萬元的 20％的租金 10 萬元（算是保障百貨公司的最低租金收益），但如果月營業額是 60 萬元，那就按 20％的比例，抽成為 12 萬元，這就是包底抽成取高的意思。

〔 保證票或保證金 〕

簡單地說，保證金（或保證票）就像是履約保證一樣，當專櫃業者在營運期間有違規或違約等問題被罰款卻擺爛時，就可用保證金支付罰款，如果合約期間平安無事，合約期滿後美食街經營者會把保證金（票）退還給專櫃業者。

現在有部分商場是不收保證金而改收保證票（也就是專櫃業者開的支票或本票），比較不會影響到業者的現金流，一般的美食街經營者規定收取 30 ～ 50 萬元不等，只有當業者有違約行為時，美食街經營者才會存入保證票，合約期限內沒有違約的話，經營者會把保證票退還給業者。

〔 管銷費 〕

正式營運後，除了抽成費用之外，每個月要支付的費用還包括：

清潔費

多數的美食街都不需要專櫃業者派人去收碗、洗碗，有些學校的餐廳或美食街會請學生自行收取碗筷，但洗碗還是會請專人負責，大部分收洗碗、垃圾廚餘處理、消毒等工作會由美食街經營者統一外包給專業清潔公司，因此業者也需要按月分攤碗盤清洗及環境清潔費用。一般來說，商場會對美食街專櫃收取固定百分比的營業額做為清潔費用，因此清潔費也是浮動的，營業額高，收取的清潔費也跟著高，也有商場收取固定的金額，約 1.5 ～ 2 萬元的清潔費。

管理費

美食街專櫃業者也要分攤商場經營管理費用。

行銷補助費

指相關行銷活動的費用。我們在電視新聞或報紙會看到商場或美食街的報導，這些都是商場的行銷部門所做的行銷活動，主要目的在於透過媒體報導吸引更多消費者前來。重要節日商場舉辦活動，這時行銷會統一發送 DM，裡面也會有美食街的宣傳，通常這類型的行銷都不太可能針對美食街的特定專櫃做宣傳。

〔 燃料費 〕

燃料費包含 **1. 水費、2. 電費、3. 瓦斯費**這三個主要項目。水電瓦斯費通常是依錶計費（也就是專櫃業者每個月的實際使用量），除了專櫃自己的燃料使用量之外，美食街經營者也會計算每一度的加成，以攤提商場公共使用部分。例如客席區的水電費也是由專櫃分攤，但客席區屬公用區域，水電費不容易計算（生意好的專櫃，因為使用客席區的頻率較高，是否應該分攤較高的水電費？），所以百貨公司這類美食街經營者會採用加成的方式，假設一度電的電費是 5 元，百貨公司對美食街專櫃業者的電費就收 6 元，多出來的 1 元就是分攤公共區域的電費，也就是說不管你生意好不好，都是固定加收一定比例來支付公用區的電費。

也有一些美食街經營者採用比較合理的方式收取公共區域的電費，例如「大食代美食廣場」是採用營業額分攤的方式收取，美食街專櫃的

用電依照公告電價收費，不另外加收費用，至於外面包括客席區在內的公共區域電費，則是依照「使用度數 × 電價公告 × 營業額分攤」這個公式來分擔，營業額高的專櫃，因為專櫃的生意好、客人多，使用客席區的比例就高，自然需要負擔較高的電費，這樣的收費方式也比較合理。

街邊店 vs 美食街 成本與利潤分析

在街邊店開餐廳跟在美食街設櫃，就成本而言是不太一樣的，以下將對兩者進行分析：

▌ 街邊店餐廳的成本與利潤分析

店租：10 ～ 15%

食材：30 ～ 35%

人事：25%

（食材＋人事成本約 55%）

水電瓦斯雜支：8 ～ 10%

稅金：5%

合計成本支出約 85%，利潤空間約 15%

┃ 美食街設櫃的成本與利潤分析

抽成：20 ～ 25%（可跟美食街經營者談判）

食材：30 ～ 35%

人事：20 ～ 25%

（食材＋人事成本約 50 ～ 60%）

水電瓦斯雜支：5~7%

公共裝修補助：3%

稅金：5%

合計成本支出約 90%，利潤空間約 10%

不管是街邊開店還是美食街設櫃，**店租、食材、人事**是三大支出，而業界的經營準則是不能讓這三項支出超過總支出的 75%。通常經營餐飲業會虧本，都是因為這三大支出的整體透支，如果能善加規畫人事及食材的運用，就能降低支出，增加利潤。

街邊店的特點是店租會隨著營業額成反比，如果店租是 5 萬元，月營業額達到 50 萬元，店租成本就是 10%，如果營業額 70 萬元，店租

成本就降到 7％，但萬一月營業額只做到 25 萬元，店租成本就上升到 20％，因此街邊店的營業額越高，店租成本比例就越低，前提是你得保佑開業後生意興隆，但這沒人敢保證。

在美食街設櫃的話，美食街經營者都是跟專櫃業者談好一個固定百分比的店租抽成，假設是 20％，專櫃業者月營業額 50 萬的話，店租抽成就是 10 萬元，如果月營業額做到 70 萬元，店租抽成就上升到 14 萬元，前面也有提到「包底抽成」的制度，是為了保障美食街經營者的**基本租金**，並「督促」專櫃業者努力做生意。

在人事成本方面，如果是街邊店，需要廚房、外場人員，全職人員至少要 5 位，計時工讀人員也要 4 ～ 5 人，人事成本不低；如果是在美食街設櫃，則全職人員 3 人，外加 2 位計時工讀人員，就足以應付假日人潮最多的時候。

現在美食街的抽成約在 20 ～ 25％之間，我們暫時估算最高的 25％，至於食材和人事成本，如果透過適當的**餐點設計**，食材和人事成本可壓在 50％以內，利潤可以達到 12 ～ 15％。

以上的估算有一個前提，那就是不管是**餐廳**或美食街專櫃，都必須達到每月該有的營業額，這樣的估算方式才有意義。畢竟美食街經營者大多採用「包底抽成取高」的制度，營業額越低，代表要付給經營者的抽成比例越高。除此之外，營業額過低會產生連鎖效應，導致食材進貨成本比例和人事成本比例變高，這將會使得營業淨利低於應有的 10％水準，一個月下來，核算淨利時往往會讓你有「為誰辛苦為誰

忙」的感嘆，所以要設法增加顧客，拉高營業額。

美食街的優勢就在於商場已經幫你把人潮帶進來，能不能做到生意就看個人本事了。

專家建議

如何降低美食街專櫃的燃料費支出

燃料費（水、電、瓦斯費）約占營業額的 5%，如果月營業額為 50 ～ 80 萬元，燃料費每月約 3 ～ 5 萬元（冬天低一些，夏天高一些）。想要降低燃料費的支出，牽涉到業者的營運方式，如果業者有中央廚房，在美食街專櫃只做少許的加工即可上菜，則燃料費會省一些。有些商場美食街規定只能用電不能用瓦斯，這樣燃料費用也會比能用瓦斯的商場美食街要高一些。

chapter

3

檢視篇

01

{ 怕熱就不要進廚房 }
美食街創業自我檢視

美食街創業之性格檢視

絕大多數餐飲業者都有超乎平常人的熱情，這是因為開餐廳所耗費的心力和體力都比當上班族要多好幾倍，決不是坐在櫃檯後面只管收錢那麼簡單。沒有痛定思痛，帶著吃苦當補的決心，就貿然進入餐飲業，未來恐怕不樂觀。

下面有 14 點自我檢測，能幫助讀者釐清自己是否適合餐飲業，有以下習性的人在開餐廳前最好要三思。

 專業面

1. 不喜歡油煙、怕油膩的鍋碗廚具。
2. 聽到哪裡有新的美食不會感興趣。
3. 不喜歡逛傳統市場，受不了那股味道。
4. 不覺得做菜是一種樂趣。
5. 對菜色不挑剔，只要能吃下肚，味道不要太糟糕就好。

個性面

6. 週末假日很重要，不想假日工作。

7. 不喜歡在外頭吃飯。

8. 在家不喜歡打掃，特別不喜歡打掃廚房。

9. 工作上多一事不如少一事。

10. 遇到困難先找別人幫忙，除非萬不得已，否則不自己解決。

11. 喜歡當宅男宅女，盡可能不跟陌生人互動。

12. 想要有房有車，可是想到自備款就算了。

管理面

13. 不喜歡記帳，反正每個月月底戶頭還有錢就好。

14. 做生意將本求利、斤斤計較。

「怕熱就不要進廚房」，通常創業者都有衝、衝、衝的性格，但自己性格是否和創業項目需要的特質符合，可能比衝、衝、衝更重要。從專業面來看，大多數會走向餐飲創業的人不是身具廚藝就是喜愛美食，然而一家餐廳能否成功經營，個性面和管理面反而才是主因。

個性面

現在許多人不喜歡假日工作，不過餐飲業的旺季就是週末，如果想到美食街開業週末卻想休息，那還是不要創業比較好，否則創業只是抱怨的開始。

另外不喜歡面對面跟人互動，也不適合到美食街設櫃。經營街邊店像文市，在美食街設櫃則像武市，一般開在街邊的餐廳除了開幕前的各種宣傳活動（例如社區發傳單），平常營業多半是願者上鉤，也就是在餐廳門口擺菜單等著客人上門；在美食街設櫃可就沒這麼文謅謅，美食街人潮多，櫃位多，不管是午、晚餐的熱門時段，還是下午人潮較少時，只要有人經過櫃位前，都可能是你的顧客。所以美食街就像夜市，所有櫃位的外場人員都得高聲招呼客人，因為只有積極熱情的招呼，客人才有可能停下腳步看你的菜單，才有點餐的可能。如果你生性害羞，不喜歡主動招呼，客人很快就會走到下一個櫃位，不管人潮再多，你還是做不到生意。

管理面

將本求利、斤斤計較，看似是做生意的不變法則，其實經營餐飲業，一開始最好先求餐點品質和服務穩定，再從實際操作中摸索出一套兼顧品質與成本的成功模式。如果進駐美食街一開始就過度利潤導向，只要營業額不如預期，商品（也就是餐點）會是第一個被拿出來檢討的項目，並開始使用次級食材取代原有食材，最後客人不滿意餐點就再也不會光顧。

如果你發現這 14 點特徵自己有不少符合之處，那我們建議您，真的不要開餐廳，更不要去美食街做生意，因為成功的機率非常低。

美食街創業之五力分析

在談了什麼樣的性格特質不適合從事餐飲業之後，接下來我們就來分析，若想成功在美食街設櫃打造自己的連鎖品牌，所需要的五項能力分析。

▌美食街創業之五項能力

〔 商品力 〕

商品的特色、品質永遠是創業的基礎，沒有好商品，創業沒前景，所以商品力是五力之首。想成為美食街的名店，必須將力量集中在商品研發和製作，讓你的餐點有特色具魅力，同時料理流程必須調整到能因應美食街的出餐速度。

在談到美食街的商品力，就必須談到商品及商品組合，商品和商品組合是導引出專櫃品牌特色，以及培養專櫃品牌差異化的基礎。所以美

食街單點的餐點並不多，大部分都是套餐，這就是說**商品組合在美食街的角色比單一商品來得重要**。套餐的特點在**組合推薦**，美味的餐點，與飲料、甜點，以及各色小菜聯手組成套餐，還會帶給消費者「賺到了」的感受。

〔 品牌力 〕

餐飲業的品牌力，來自餐點的獨特性和優勢，有了商品做為經營實力的核心價值，才能幫品牌加分。餐飲業的特性就是——只要消費者今天來吃，跟下星期來吃，都能吃到同樣好吃的餐點，不會因為換了師傅口味就跑掉了，就能建立起品牌名聲，也就是**「好吃又品質穩定的餐點＝招牌和店名」**。

不過有一點要注意，美食街專櫃的品牌塑造和開街邊店的品牌塑造不太一樣，美食街的特色是商場的便利性，顧客主要是因為方便而來，所以美食街這個通路品牌會大過專櫃品牌。

也就是說，消費者首先會注意到的是美食街這個通路品牌，如果覺得這家料理好吃，才會去注意是哪一家專櫃，但通常就算專櫃的料理真的很好吃，消費者事後多半只會記得是在哪一間商場美食街吃到，而記不得專櫃名字。

例如消費者在高雄夢時代廣場美食街吃到非常好吃的泰國料理，但事後不太會記得這家泰國料理專櫃的名字，這時候上網鍵入「高雄夢時代、泰國料理」，搜尋到這家專櫃，這時候消費者才會記住這家專櫃

名稱，也就是說商品力還是決定了品牌力。

至於街邊店餐廳，消費者通常會因為商品而記得餐廳品牌。這就是美食街專櫃跟街邊店餐廳在品牌塑造不一樣的地方。

雖然美食街的通路品牌大過專櫃品牌，但商場業者會協助美食街內所有專櫃業者做品牌形象包裝，這又是街邊店餐廳必須額外花大錢才能得到的協助，兩者各有利弊。

〔 管理力 〕

進駐美食街，業者想要提高利潤，就得靠有效率的管理，而有效的管理重點在於「**提昇出餐速度**」。將調理的流程標準化，就可以提高出餐速度，方法為：
❶ 食材單純化。
❷ 調理簡單化。
❸ 擺盤系統化。

利用同樣的食材、醬汁，以及鍋具讓產品可以複製，例如同一塊豬排可做出起司豬排、咖哩豬排等；塔塔奶油醬則可重複用在海鮮食材上，變出塔塔奶油炸蝦、塔塔奶油蟹排、塔塔奶油炸魚排；一個炸鍋就能烹調出炸蝦、炸蟹排、炸魚排、炸雞塊、炸豬排；每道餐點都搭配一樣的小菜，在小菜準備上就可以省下不少時間。擺盤可以系統化，食材處理上也相對簡單，出餐速度就可以增快。

而且因為食材重複使用，同一種食材訂購量大，即能壓低進貨價錢；而在廚房設備上，光是炸鍋就能做出 5 道套餐料理，就可減少廚具設備的種類，食材與設備的成本都能夠降低。

不過**不管是食材或設備簡化、調理流程系統化，都必須在設計菜單時就規畫好**，因此在進駐專櫃前，就必須考慮這些事情。

〔 服務力 〕

服務來自於人力素質，在美食街開店設櫃，創業者最好一開始既是老闆也是員工，才能掌握美食街的經營生態。美食街專櫃的服務力主要在於：

❶ 招呼顧客及解決顧客問題。

❷ 點餐速度。

坦白說，美食街專櫃對服務的要求不會像街邊店餐廳那麼高，這是因為美食街的消費習慣在於快速，點餐前消費者的疑問越少、能儘快下決定越好，也因此櫃位招牌、菜單排版、餐點照片、樣品櫃的設計除了是吸引顧客、留住顧客的工具外，也要能幫助顧客對餐點一目了然，快速點餐。

在接待客人上，和善的態度、熱情的招呼是基本能力，除此之外，業者也要設計一套前臺接待人員話術，才能有效協助顧客點餐，加快消費流程。

〔 行銷力 〕

行銷力在五力中的重要性被排在最後一名，這是因為，美食街是由商場經營，美食街本身就有行銷部門，有專職的行銷人員，而且業者最好將心力都集中在商品和商品組合的研發上，讓專職的行銷人員去忙行銷的事情不是更好嗎？

將消費者吸引到商場美食街是商場行銷部門的責任，如何讓消費者買單，就是個別櫃位業者的責任。**而專櫃的行銷方式中，相當有效也常用的手法是，將媒體報導或名人專訪輸出成彩色大型看板放在前臺，或架設 LED 螢幕輪播報導影片。**

我們在前面也談到消費者到美食街吃飯，平日和假日的心情不同，平日消費者到美食街用餐，多半是抱著方便、快速、便宜解決中餐的心態，假日和家人或朋友來用餐，則希望能享用平日不會吃的餐點，好一點、貴一點也沒關係，因此在假日的商品組合上可以比平日多一點點變化，這也是專櫃能做到的行銷策略，至於整體行銷則只要配合商場行銷部門的活動即可。

最後，我們再次提醒想到美食街開店的業者，美食街專櫃的品牌力和行銷力，必須寄託在商品和商品組合的魅力，只有商品本身好吃有特色，能滿足消費者對美食街餐點的想像和需求，就能導引出專櫃的品牌特色，自然和其它專櫃產生區別，即使在競爭激烈的美食街也能走出一條活路。

02
自己說好還不算
美食街經營者檢視角度

每個餐飲創業者都對自己的手藝充滿信心，但想到商場美食街開業，自己說好還不夠，還需得到商場經營部門的認同。換個角度看，讓商場經營部門檢視企畫書以及試吃產品，也等於是在投入資金之前，先讓這些專業經營者檢視自己的商品與經營想法。

美食街經營者的評核表

任何想要進駐商場美食街的餐飲業者如果能夠了解百貨公司、購物中心等各種美食街經營者的想法，就越能符合他們評選條件，成為讓經營者放心的候選者。

不論美食街專櫃或百貨類專櫃，各家商場經營者都有自己的評核表，用來檢視申請進駐的業者。 以下是新加坡商大食代美食廣場對美食街專櫃業者的幾項審核標準，了解專門經營者的審核角度，相信可讓進櫃業者檢視自己的條件，在申請進駐前預先做好改善和準備。

品牌名稱	業種	經營特色	試吃評鑑 優／中／差	經營理念 優／中／差	環境衛生 優／中／差	店裝氛圍 優／中／差	服務態度 優／中／差	營業績效 優／中／差	媒體報導 優／中／差	網路點評 優／中／差	綜合判斷 優／中／差
A	熟食										
B	輕食小吃										

【評鑑標準】

1. 評核標準：優等 85 分以上；中等 84～70 分以上；差等 69 分以下。

2. 營業績效（營業額）

   熟食／餐廳：優等 約 100 萬 / 月以上；中等 約 89～60 萬 / 月以上；差等 約 59 萬 / 月以下。

   輕食小吃：優等 約 60 萬 / 月以上；中等 約 59～40 萬 / 月以上；差等 約 39 萬 / 月以下。

3. 綜合判斷：（可開發）評核標準 有 5 項（含）以上優等，且無差等；（不開發）評核標準 未達 5 項優等，或有一項差等。

【説明】

大食代美食廣場在評鑑業者的九項標準時，用「優等」、「中等」、「差等」來做評等，不同評鑑項目的評等各有對應的分數或數字，最

後以達到幾個優等進行評比。雖然各家美食街的評比標準或有出入，但大致上來說，這幾項評分項目，是任何想進駐美食街的業者都值得注意的。

〔 試吃評鑑 〕

透過產品試吃，美食街開發人員能對業者的產品有初步認識，即使知名度不高的業者也能透過產品試吃展現實力。其他評鑑項目雖然不是不重要，但經營理念再正確，服務態度再好，店面裝潢再時尚，然而只要餐點難吃，客人試了一次之後是不會再上門的，連帶著也會影響到美食街的整體業績。因此產品試吃是向開發人員自我推薦非常重要的一關。

至於美食街開發人員如何評鑑業者的產品呢？**主要還是在於品質、口味這兩個元素**，這部分過關後，**接著會看業者的主力商品和輔助商品是什麼**，進而分析是否適合進駐至他們的美食街，因為美食街希望所有的專櫃在商品上不會有衝突，這樣大家才能處於良性的競合關係。

業者在向美食街開發人員提供商品試吃之前，有幾件事情需要先做好準備：

● 先設計好所有菜單，越接近美食街專櫃的菜單模組越好，例如約 10 ～ 15 道套餐組合。
● 確定哪些是自己的主力商品，哪些是輔助商品，**以主力商品做為試吃的商品。**

美食街的餐點標準

如果我們將餐飲業的餐點區分成「很難吃」→「不好吃」→「不錯吃」→「很好吃」這四個標準，美食街的餐點至少要做到「不錯吃」這個標準才及格。

其實好不好吃沒有絕對標準，就像一些很有名氣，外頭排了長長人龍的小店，往往我們排隊品嚐後卻發現「好像也還好」，所以美食街的餐點不敢說一定要做到「很好吃」（其實就是非常好吃）這個程度，但至少要做到「不錯吃」，顧客才有可能會再回來。

至於「不錯吃」跟「不好吃」的差別在哪裡？其實「不好吃」就是餐點連該有的基本口味都做不到，那就是「不好吃」了，我們以蚵仔麵線為例，麵線吃起來太水或太稠，或是會吃到麵粉塊，這都是不及格的蚵仔麵線，只要不要犯這樣的錯，大概都不會太難吃。

〔 經營理念 〕

這部分的評分主要是想跟業者談談創業的原因，也可以衍生成品牌故事、創業者的經營理念（也可說說對餐點有哪些堅持）、對自己店的期望。並沒有很嚴肅正式或制式化的說法，主要是想了解創業者從決心創業之後一路走到今天的想法。

〔 環境衛生 & 店裝氛圍 〕

如果說美味可口的餐點是餐飲經營的一隻腳，那麼環境衛生就是餐飲業的另一隻腳，環境衛生包括：**1. 店面外觀、2. 外場客席、3. 內場廚房**三大部分：

店面外觀

包括招牌、門窗、樣品櫃、POP、花草、地氈、照明等。店面外觀是最容易被客人注意的部分，不論你是開一家街邊店或是進駐美食街，都應該要維持外觀整潔明亮。招牌不管新舊，都應該清潔，店名也要完整，並保持照明充足。門窗是顧客進入店內的第一道關卡，每天開店前將門窗擦拭乾淨是確定人員是否有紀律的指標之一，另外，別讓花草枯萎，否則整家店會給人死氣沉沉的感覺。美食街開發人員都會把這些細項列入評核。

外場客席

外場客席的評核項目也很多，桌椅是否擺放整齊、桌上的菜單立牌是否陳舊破損、調味罐、紙巾、筷匙盒是否有擺放定位、走道是否被飲料箱擋住、室內照明、空調是否舒適等。

內場廚房

廚房是環境衛生評核中最重要的，因為美食街都是大型企業承攬，經不起一次衛生環節出問題，因此從食材的儲存、處理、烹調、裝盤到出菜，每個環節所應對的廚房設備和環境都要嚴加注意。

工作檯隨時保持清潔，不能堆置雜物，生鮮食材絕不能存放在開放平檯，一定要放在密閉的冷藏櫥櫃內，垃圾和廚餘不要放在潮溼的地面……等，這些都是平時就該教導廚房工作人員的基本訓練，並且要能督促員工確實執行。

〔 服務態度 〕

服務態度包括人員的服裝儀容到接待客人的應對進退，以下幾點是服務態度的評核重點：

● 服裝是否整潔，是否有戴帽子或頭巾，服裝上有無汙垢或戴戒指手飾等。

● 儀容是否整潔，現在很難要求年輕服務人員達到過去餐飲從業人員不能染髮蓄鬍的標準，染髮、蓄鬍、刺青也並非不行，但外觀還是需維持整潔專業。

● 具備基本禮儀，特別是主動招呼客人及介紹餐點。

〔 營業績效 〕

對於已經有一家街邊小店，並想進駐美食街的業者來說，應該從平常就開始記錄店面經營的績效，這也是美食街開發人員會想了解的，他們會想知道業者的經營管理有沒有效率，從中推斷如果進駐美食街後，會不會因為經營不善而被三振出局，畢竟不斷的更換專櫃也絕不是美食街經營者所樂見。

營業績效的結果，成本控管和食材成本兩者互為因果，因為一天要做多少營業額才能損益兩平，這跟食材成本有直接關係。餐點銷售多，營業額提高，食材浪費就少，別忘了，**食材成本不只是用掉的，也包括沒用完被丟掉的**，如果食材丟掉的越多，成本就越高，只有穩定的來客量，讓食材使用率變高，食材損耗率才會降低。因此你的經營績效都跟食材使用率息息相關，美食街開發人員也會從這些蛛絲馬跡中，來評判你的管理效率。

〔 媒體報導＆網路點評 〕

一開始沒有媒體報導很正常，但你可以自己動手替自己的店寫故事，從餐點特色到創業故事或經營感想、食譜研發都可以寫，重點是要動手寫，也可以請親朋好友試吃，並請他們寫下心得，這些都是很簡單不花錢，但需要時間深耕的網路行銷。如果開發人員 Google 不到你的店，找不到任何網頁，雖然不代表你的餐點沒特色，但確實也沒有給自己任何加分的機會，所以最好要開始在部落格上做行銷。

實際進行試吃

〔 試吃時也要準備的書面資料 〕

在和美食街市場開發人員見面時，最好也將套餐菜單、店家基本資料、餐點特色等書面資料彩色列印出來，而且最好需要有點設計感，可以用 PowerPoint 簡報軟體製作，我們見過有人前來自我推薦，卻只簡單用 Word 軟體打幾頁菜單，這樣的話，美食街開發人員很難想像你的專櫃會呈現什麼樣的經營樣貌，而書面資料恐怕也是被丟進垃圾桶。

〔 菜色到餐具整體包裝呈現 〕

試吃商品的呈現方式非常重要。第一次申請進駐美食街的業者通常經驗不足，也不知道怎樣呈現自己的菜色，我們給業者最簡單的建議就

是，盡量具體呈現「**未來在美食街開業的實際菜色樣貌**」，也就是說從餐點菜色到餐具都需整體包裝呈現。

除了菜色，餐具也要花點心思，為什麼會給這樣的建議呢？這是因為，我們曾遇過自我推薦的業者，但在給美食街開發人員試吃時，菜餚僅是用家庭用的碗盤裝盛，這樣再好吃的餐點都沒有賣相，自然也很難讓開發人員有好印象。

因此我們建議可以去專賣餐具的店找美食街套餐的餐具，或是組合起來比較像是套餐的餐具，只要有**湯碗、菜盤、飯碗、小菜碟**就夠了，買個三組，製作三道主力菜色，只要色香味俱全，美食街開發人員吃了滿意，進駐美食街的機會就大增。

邀請美食街開發人員試吃有幾種方法，像是請他們到你的店去試吃，也可以跟自己熟識或美食街附近的小吃店、小餐廳商量，利用下午休息的時間借或是租他們的廚房，或是把菜做好送到辦公室請他們試吃，務必要讓美食街開發人員吃到你熱騰騰的拿手菜。

很重要的一點是，美食街開發人員會審核業者的商品結構是否適合美食街，因此剛開始嘗試時，如果你的套餐規畫被挑剔，不需要太挫折，因為有可能你是以街邊店餐廳的角度去規畫商品，自然不太適合美食街的經營型態。

〔 試吃評鑑常見的問題 〕

通常美食街開發人員在試吃時會針對餐點提出以下的問題：

❶ 套餐規畫。

❷ 食材成本。

❸ 出餐時間。

一般來說，餐點規畫牽涉到套餐跟單點，美食街開發人員會詢問餐點規畫，主要也是想看看你的規畫概念符不符合美食街業者的經營套路。如果你的想法比較偏向街邊店經營，像是餐點料理過程複雜，無法快速出餐，或是料理過於創新，一般大眾較難接受等，即使你的餐點再好吃，他們還是會考慮一下。因為想靠美食街經營獲利的不只是你，他們更想獲利，因此他們不只考慮菜色的好壞，業者的經營理念也在他們考量範圍。

食材成本也會影響到業者經營的成敗，美食街開發人員詢問成本的目的也是想了解業者是否有經營餐飲業的成本概念，如果你做出來的套餐非常好吃，每個人吃過都說好，但按按計算機發現一組套餐的食材成本就要 200 元，那就不可能進駐美食街了。

出餐時間跟食材成本很像，都是檢驗業者的生產過程符不符合美食街經營生態的重要環節，美食街平日的消費者多半因為**便利**和**快速**這兩個原因而選擇用餐，他們不是要回去上班就是還有行程，因此等餐的時間越短越好，根據經驗，美食街的出餐速度平均 5 分鐘，超過 5 分鐘消費者的耐心就越來越低，所以美食街開發人員也會把出餐速度列為考核項目之一。

美食街的出餐時限

在美食街營業，最理想出餐時間是 5 分鐘內，綜觀所有美食街業者，業績最好的平均 1 分鐘就能出一套餐，原因很簡單，因為他們把餐點模組化。

以蛋包飯為例，如果是沒有模組化概念的專櫃，在廚房接單後開始烹調，平均要 7 分鐘才能出餐。將餐點模組化的專櫃會在中央廚房做好半加工品送到美食街專櫃廚房，在專櫃廚房只要將半成品送進烤箱，同時煎蛋皮，最後在熱好的炒飯上放上半熟蛋皮、淋上咖哩醬，點綴蔬菜就可以出餐。

焗烤飯也是一樣，都在中央廚房先做好，在美食街專櫃廚房只是複熱，但這有個前提，那就是必須做到保溫 2 小時複熱後，口味跟現做的相比，還是不會有很大的差別。

{ 美食街菜單設計策略 }

菜單是餐飲經營核心之一，因為「餐點好不好吃」、「CP 值高不高」往往是消費者決定光不光顧的兩大考量，特別是美食街有所謂的「價格天花板」（意指價格有一定的限制），因此價格設計也是一門學問。

美食街餐點的價格多半在 120 ～ 180 元之間，在大多數的美食街裡不太可能找到低於 120 元的套餐，因為低於 120 元的套餐可能根本沒利潤（想想我們在成本篇中所羅列出來的各項成本），而價格高過 200 元，會想點餐的人就少了，因為美食街套餐價位如果高於 200 元，消費者會想：**「倒不如去餐廳用餐，用餐環境還更舒適」**高單價餐點賣不出去，準備的食材就可能用不掉而被迫丟棄，就又回到成本控管不佳的惡性循環。

讓套餐維持在中高價位

價格設定是探索消費心理的過程，只要是看起來菜色豐富的套餐，即使價位高一些，在消費者眼中，也比價位低一些的單點餐點要划算，

所以如何在菜單設計上讓消費者有「賺到了」的感覺就變得非常重要。然而在美食街除非單價超乎想像得低，否則單點的餐點不容易讓消費者有「賺到了」的感覺，因此業者還是得在套餐上多下功夫。

接著我們就來看看美食街餐點的設計訣竅：

套餐和單點
比例最好是
6：4

採用高檔
食材

利用料理
手法增加
價值感

利用配菜和
餐具增加
豐盛感

▌讓套餐維持在中高價位的訣竅

〔 套餐和單點的比例最好是 6：4 〕

根據經驗，菜單中如果單點的餐點比套餐多，雖說採買的食材種類可能一樣，但食材的利用率就會變差。此外，套餐其實也是一種「技巧性推薦餐點」的訣竅。比起單點，套餐更符合餐飲業**「易看」**、**「易選」**、**「易買」**的原則，想想看，當客人點選一份套餐，就等於同時點好一菜、一飯、一湯、一點心，但如果是單點的話，至少得花一倍的時間才能點好同樣的餐點，在美食街，**加快點餐速度，就能提高翻桌率！**

〔 採用高檔食材 〕

在消費者的心裡，各種食材中，肉品、海鮮比蔬菜值得花更多錢享用，肉品來說，雞、豬、羊、牛肉中以牛肉較高價，沙朗牛肉又比一般牛肉高價，海鮮中以鯛魚、鮭魚、草蝦、鮮魷、中卷在美食街中最常見，只要打出**鯛魚、鮭魚、炸蝦、鮮魷、中卷**為主菜的套餐，價格就可以拉高到 180 元，沙朗牛肉也能拉高價格，當然這些食材的成本一定會比較高，不過至少比用平價食材賣高價位來得具說服力。

〔 利用配菜和餐具增加豐盛感 〕

如果想用比較低價的食材，但賣高一點的價格，這時只要將套餐設計成少量多樣——至少要有一道看起來很有料的主菜，再加上一飯、一湯、一小菜、一飲料，看起來就很豐富。另外，人類是視覺動物，只要主菜分量足夠，再利用新鮮蔬果做色彩裝飾，消費者就會覺得物超所值。

還有一種作法，那就是在餐具上下功夫，以某家涮涮鍋為例，剛開業時以「200 元有找就能讓你吃飽又吃巧」為噱頭，很快就在戰鼓喧天的火鍋市場站穩腳步，這家涮涮鍋的擺盤技巧，能讓消費者在第一眼就看到滿滿的食材，自然會讓人有「花不到 200 元就能吃這麼多，實在是太划算了」的感覺。但仔細觀察後，你會發現放置食材的餐具並不深，而且食材都是豎起來擺盤，所以同樣分量的食材，看起來，硬是比放在大碗裡來得多。

金玉滿堂（算盤子）
Abacus Yam Ball
$4.80 (S)

1 餐點分量多，用蔬果做色彩裝飾，看起來就物超所值。

2 讓食材滿出來的擺盤，看起來便宜又大碗！

〔 利用料理手法增加價值感 〕

戲法人人會變，巧妙各有不同，同一個食材可以有好幾種調理手法，像是肉類至少有炸、炒、烤、煎、蒸、煮、滷、勾芡這幾種作法，加上不同料理器具，變化就更多了，像是用陶鍋、石板、石鍋、鐵板做為烹調器具，再加上特製調味醬料，都能提昇餐點的價值感。例如「石板黑胡椒沙朗牛肉」聽起來肯定比「生煎沙朗牛肉」來得讓人食指大動，也願意付多一點錢打牙祭。

增加餐點附加價值

小兵立大功，這句話在餐飲業絕對成立，有時候我們定期光顧某家餐廳或小店，不全然是為了他們的主力商品，反而可能為了配角們——例如別的地方吃不到的私房調味醬。像是有家連鎖早餐店雖然 90％的餐點都跟其他早餐店一樣，但他們的辣椒醬卻不是一般早餐店那種到處都買得到，紅通通的辣椒醬，而是帶著紅油的小魚乾辣椒，很多人如果要吃中式早餐，不會選擇另一家「me too」型的早餐店，而是寧可去這家早餐店排隊。

還有一家均價五百元的連鎖牛排館，比起其他牛排店只有前菜、例湯、主菜、甜點、飲料，他們多提供了開胃菜和沙拉，而且非主菜的「配角」在表現上一點都不輸主菜，連優格沙拉醬都讓人眼睛為之一亮。這就是讓小菜也扮演主要角色的優點，原本消費者只會期待主菜，而這家牛排館除了不讓主菜失分，也讓原本菜色中的配角有超乎

預期的演出，這也是另一種讓消費者超乎期待，增加餐點附加價值的手法。

讓「顧客不用問就能點餐」

現在各種賣場都會直接將產品展示，就是希望除了文字說明外，藉由在購買前親手把玩，能讓消費者更快下決心購買。餐飲業雖然沒辦法展示出一整排色香味俱全的產品讓消費者先行品嚐，但還是有很多方法可讓自己的產品脫穎而出。

在美食街採用純文字的菜單是一種自殺行為，因為消費者無法單從文字想像餐點的美味可口，我們應該從顧客的消費行為中，找出快速吸引消費者注意，以及快速點餐的模式，其實也就是我們不斷重複的**「易看」、「易選」、「易買」**的原則。

如果能做到**讓顧客光看菜單就能決定吃什麼**，這應該是餐飲業外場服務的最高境界。通常顧客會問菜色問題，表示餐點說明有不太清楚的地方，需要服務人員幫忙解釋，這不但占據了服務人員服務其他顧客的時間，也增加顧客點餐的不確定性。顧客點餐疑問越多，時間拖越久，就表示菜單設計出了大問題，因此業者在設計菜單時，一定要以「如果我是顧客的話，這樣的菜單我看得懂嗎？」的立場來設計菜單。該如何讓顧客一目了然，我們可善用以下技巧：

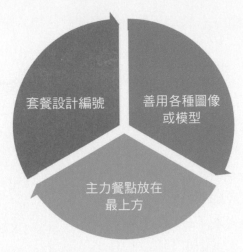

▋「顧客不用問就能點餐」的技巧

〔 善用各種圖像或模型 〕

美食街專櫃用來吸引顧客並促使顧客決定點餐的工具包括：

❶ 樣品櫃。

❷ 餐點照片。

❸ 文字說明。

❹ 專櫃特色說明 POP。

雖然沒辦法讓顧客先品嘗每一道菜的味道，但如果有餐點模型，消費者一眼就能理解可以吃到什麼樣的餐點，因此陳列排放餐點模型的樣品櫃是加速點餐非常有效的工具。

印在菜單上的餐點照片也和餐點模型一樣，是有效的行銷工具，不過餐點模型是固定在樣品櫃內，顧客擠在樣品櫃前面會妨礙其他人點

餐，因此菜單和餐點模型有相輔相成的作用。

文字可說明餐點和食材特色，至於 POP 則是用來凸顯特色餐點以及專櫃或老闆特別值得炫耀的事蹟，像是媒體受訪、得獎紀錄、老闆在國外修習廚藝、傳承老店技藝（或記憶）等，都是利用 POP 呈現店家特色的手法。

〔 套餐設計編號 〕

除了樣品櫃、餐點照片、文字說明，切記套餐一定要**設計編號**，這套 30 年前由麥當勞等美式速食店引進的編號點餐系統，漸漸變成菜單的標準模式，它確實有加速點餐的作用，因此建議一定要給餐點編號，畢竟講「我要 1 號餐」比「我要卡滋豬排丼」要來得方便快速。

1 套餐設計編號，讓點餐更順利。
2 主力餐點可用單獨的菜單來強化其獨特性。

〔 主力餐點放在最上方 〕

不要按照餐點價格排序，因為不管是從低價往高價，或是從高價往低價排，都會讓顧客的腦袋直接進入「比價模式」，而多數人們總是習慣選擇最低價的產品，所以不管你是從低往高或從高往低排，顧客都

會選最低價的餐點。建議將主打或推薦餐點放在菜單的上方,並按主力餐點的重要性排列,中間穿插你認為是「潛力股」的餐點,吸引顧客的眼球。

別被廚師綁架了

許多人會問,不是餐飲科系出生可不可以開餐廳?其實市面上有許多讓人眼睛一亮的創新料理,都是非本科系所發想,因為不被既定規則限制,反而可以替餐飲業注入活水。但有沒有發現,這些所謂的門外漢,還是有去上課或考丙級技術士證照,因此擁有基本的餐廚料理能力。

如果想投身美食街設櫃,建議最好自己也要具備動手做的能力,雖然可以跟信得過的廚師合作,但只有自己也懂得料理,才能避免核心能力完全掌握在廚師手上,否則光是菜單設計,你就完全失去主導權。

1 餐點照片和模型是幫助消費者點餐的有力工具。

2 菜單牌上的套餐價格最好跟菜單內容不同顏色，像紅色就很清楚易看。

3 美食街櫃位如果讓顧客挑選食材，一定要注意步驟說明，才不會降低點餐速度。

4 如果有接受媒體採訪，一定要呈現出來。

chapter

4

實戰篇

01
{ 實際申請美食街櫃位 }

申請美食街櫃位的流程

前面講了許多進駐美食街的原則,接下來就要開始為進駐美食街做準備,在本篇我們將介紹進駐美食街的流程,詳細步驟請見下表:

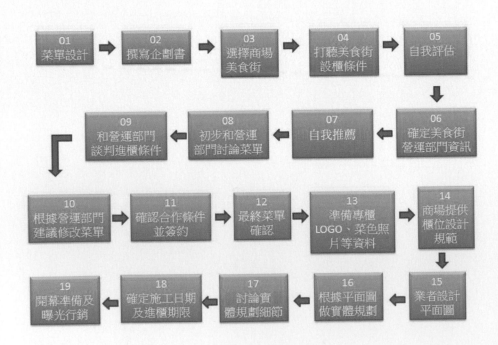

編號	流程	說 明	業者準備事項
01	菜單設計	在跟美食街開發人員接觸前，一定要先將自己理想中的菜單設計出來，畢竟在跟開發人員接觸時，手上沒有菜單，那要從何談起？ 菜單不太可能第一次就設計到位，因此第一次設計出來的菜單，在跟美食街開發人員接洽後，很有可能會需要調整。	菜單。
02	撰寫企劃書	商業洽談口說無憑，撰寫企劃書的目的是讓美食街管理部門在內部討論時能有一份文件以供參考。	企劃書。
03	選擇商場美食街	美食街有很多種，業者可根據〈商場美食街的種類與特色〉所述，思考自己適合哪一種型態的美食街。 此時可實際蒐集有美食街的商場（或通路）資訊，同時也去美食街看看，可觀察他們的空間、動線、設備、人潮等，有沒有符合自己的預期。也可以對商場進行評價，看看他們是屬於 A 級、B 級或 C 級的商場。	
04	打聽美食街設櫃條件	不管是網路或業界都會流傳一些進駐美食街的經驗談，可以找找看有沒有這類訊息，像是生意好不好，人潮多寡、管理單位好不好相處等第一手消息。	
05	自我評估	如果你蒐集到進駐美食街專櫃的條件，例如租金或其他費用等資料，就能做為自己適不適合進駐美食街的衡量依據。	業者自我檢視項目： 1. 了解美食街的收費項目有哪些。 2. 估算專櫃經營成本。 3. 估算自有資金數目。 4. 人力夠不夠經營美食街專櫃。

06	確定美食街營運部門資訊	除了百貨公司或購物中心有自己的美食街管理部門之外，越來越多美食街是委外管理，如果看中某個美食街，就得去打聽誰是美食街的管理公司，才能找到負責部門。打聽到後，即可打電話詢問美食街櫃位的經營條件。 假設業者對某醫院的美食街有興趣，可直接打電話到醫院的總務或管理單位詢問，是哪一家公司承攬這家醫院的美食街，詢問： 1. 公司名稱及電話。 2. 負責該項業務的窗口和聯絡電話。 通常這樣就能夠找到負責人，再打電話詢問，如果想到該美食街設櫃有哪些條件，又該準備哪些資料。	
07	自我推薦	找到美食街開發人員後，接著就是主動自我推薦，向對方說明自己想到美食街設櫃，能否找時間拜訪。	自我推薦需備齊以下資料： 1. 設櫃企劃書。 2. 以圖為主的菜單。 3. 決定試吃菜單。 4. 準備好適當的餐具。
08	初步和營運部門討論菜單	如果開發人員對試吃餐點滿意的話，進駐美食街的機會就大增，接著管理窗口會和業者討論菜單，方向大致上為： 1. 討論哪些餐點能或不能賣，尤其是要避免跟現有專櫃的菜單重複。 2. 餐點、菜單修改及成本精確估算。	跟美食街開發人員討論之後，業者需要做的事： 1. 調整跟現有專櫃重複的菜單。 2. 討論新菜單是否需要改善烹調手藝及調整料理流程。 3. 確認新菜單是否需要新增設備鍋具。 4. 重新檢討食材及設備成本。

09	和營運部門談判進櫃條件	第二次和美食街開發人員見面時,可討論進駐美食街的條件。	討論進櫃條件,至少要談到以下議題: 1. 抽成租金費用(包底或沒包底)。 2. 包底營業額是多少。 3. 業者需要支付的其他項目費用。 4. 業者的權利(例如美食街管理單位能提供哪些行銷活動)。 5. 盡可能壓低抽成費用,即使只少 1% 也好。 6. 違規處罰條例。
10	根據營運部門建議修改菜單	根據第一次跟美食街開發人員討論所得到的資訊,重新設計不會跟現有專櫃重複的菜單。 提醒大家,倘若確定新菜色需要小菜的話,要能跟原有規畫套餐的小菜搭配。	
11	確認合作條件並簽約	做最後合約內容的確認,有問題也要提出,否則簽約後就沒機會了。	在簽約前要做的准備: 1. 準備好「保證票」(或「保證金」,現在收保證金的商場比較多)
12	最後菜單確認	在跟美食街開發人員確認菜單最終版之前,事前必須不斷跟開發人員溝通,這樣才不會自己做了半天,卻又被打槍,延誤進櫃時程。	
13	準備專櫃 LOGO,菜色照片等資料	在開業前一個月,業者需提前準備好文宣或美術陳列資料。 將外場前臺會用到的各種文宣用品都準備好交給美食街管理部門,並討論現場陳列。	開業前一個月,業者需備齊文宣與美術資料: 1. 招牌。 2. LOGO。 3. 專櫃相關文字。 4. 所有餐點照片。 5. 促銷或優惠餐點內容文字及價格等。
14	商場提供櫃位設計規範	美食街管理窗口提供確定要進駐的櫃位位置及空間大小,以及水、電、抽風等相關設備的規畫需求給業者,好讓業者進行設計。 如果業者沒有熟識或信任的設計公司,也可請美食街管理窗口提供合作業者。	

15	業者設計平面圖	業者請設計公司設計專櫃的各種設計圖，好讓美食街管理窗口審圖，如果沒有意外的話，製圖時間約一週。設計公司通常都有合作的裝潢執行團隊，包括木工、泥作、水電、廚具設備公司組成團隊，所以開會時，設計公司也會找相關的團隊成員一起來開會。	業者要請設計公司完成的設計圖表大致如下： 1. 平面圖。 2. 立面圖。 3. 廚具設備配置圖。 4. 水電、瓦斯配置圖。 5. 設備電力需求表。
16	根據平面圖做實體規畫	如果平面圖經美食街管理部門審核通過，就可進行實體規畫，例如廚具設備的實際配置，看看跟平面圖繪製的符不符合，以避免設備進駐時卻發現尺寸不合，那就會延誤到進櫃時程。	業者要跟設計公司或廚具設備商確認所有廚具設備的尺寸、電力需求或其他規範，事前做好溝通才不會事到臨頭發現跟設想的不同。
17	討論實體規畫細節	此時已經是最後的階段，要談和確認的事情很多，包括跟營業部門、財務部門、工務部門、總務部門、行銷販促部門、資訊部門聯繫。	實際進櫃最後階段，業者需備齊以下資料： 1. 櫃位設計圖。 2. 完整菜單及價格表。 3. 餐具訂購。 4. 各種專櫃營運設備申請（例如叫號震動器）。 5. 派駐人員相關資料準備。 6. 制服訂購。
18	確定施工日期及進櫃期限	街邊店的施工期較有彈性，美食街的櫃位施工時間就很短，一般情況，美食街的換櫃施工只有 2 天期限，一天進櫃施工，一天調整，第三天就要正式營運，如果業者因故延誤開業日期，有可能要被罰款。	一旦確定進櫃日期，業者還需要跟營業部門確認： 1. 收銀機 POS 系統（操作）與繳帳的作業流程。 2. 非現金交易的刷卡機與感應機的使用操作。 3. 商場有價證卷種類（例如禮卷）與使用回收法。 4. 水、電、瓦斯抄表（這樣才能確認業者進櫃後的使用量，才不會跟前一位業者所使用的水、電、瓦斯混淆）。
19	開幕準備及曝光行銷	在新專櫃開幕前，商場行銷部門會開始一系列的行銷活動，包括官網、臉書宣傳，樓層導覽海報等。	業者需注意跟美食街管理部門討論開幕行銷活動的規畫。

申請櫃位過程中會遭遇的問題

看完以上的申請櫃位流程，相信讀者對到美食街設櫃應該已經有基本概念，不過還有很多細節不容易在流程表中一一說明，在此我們以問答的方式，將申請櫃位可能會遇到的問題加以說明。

Q1 我是個體戶，能不能申請美食街設櫃？

【A】基本上商場只會跟有商業登記的法人簽訂合約，因為簽約時業者要準備三樣證件：

❶ 變更事項登記卡 (以前名為「公司營利事業登記證」，可向各縣市政府或經濟部申請)。

❷ 負責人身分證影本。

❸ 公司戶名存摺影本。

Q2 怎樣設計菜單？

【A】建議在設計菜單前，先去不同的美食街觀摩，注意美食街專櫃的外場陳列和布置，對於菜色與你類似的專櫃，則可點餐試吃看看，以「**很難吃**」＞「**不好吃**」＞「**不錯吃**」＞「**很好吃**」來評分，並且特別注意他們的菜單，從中觀察以下幾點：

❶ 他們菜單中「套餐」和「單點」的比例、兩者的價差。

❷ 他們用了哪些食材和哪些料理手法，做出幾種餐點。

❸ 看美食街專櫃平均推出幾項套餐。

❹ 不同的套餐是否都搭配同樣的小菜。

美食街的營運概念為「模組化」，經營結構一樣，販賣架構一樣，前臺後場概念也一樣，這樣不僅業者可減少經營風險，消費者也不用每到一個櫃位消費就得重新適應。

即使沒有經營經驗，你也能從模仿經營成績最好的專櫃，學習菜單設計和銷售模式。因此你可以請教美食街的樓管：「哪一家專櫃的生意最好，我想去看他們的菜單設計模式，做為學習的榜樣」，通常樓管就會告訴你哪家專櫃的生意最好。

簡單地說，不需要自己從無到有、絞盡腦汁去發想菜單，而是從美食街中找出你最喜愛或覺得最好的專櫃，去參考這些業者是怎樣設計菜單。一開始先從模仿中學習，接著添加自己的創意，這樣才能很快地設計出自己的第一份菜單。

Q2 我沒寫過企劃書，企劃書應該要包涵哪些內容？

【A】企劃書是要給美食街管理部門看的，如何讓管理部門的開發人員耳目一新，並對你印象深刻，就是這份企劃書的目的。從眾多的進櫃企劃書中，我們整理出一份內容完備的企劃書樣本，以供讀者參考，詳細請參考以下：

美食街設櫃提案企劃書

企劃書樣本

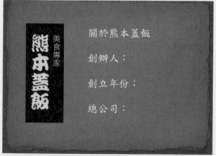

企劃書內容概要

1. 店舖名稱

2. 關於本店
- 代表人。
- 創立年份。
- 總部地址。

3. 本店歷史概要
- 創業於何年何地。
- 經營過哪些跟餐飲相關的事業。
- 重要的合作夥伴。
- 經營本店的願景。

4. 本店照片
- 店外景。
- 店內景。

5. 餐點特色（或特色餐點）
- 獨樹一格的食材、香料或料理手法。
- 至少列出三樣主力餐點。
  - a. 料理特色說明或口感說明。
  - b. 餐點照片。

6. 特色食材或香料的故事和來源

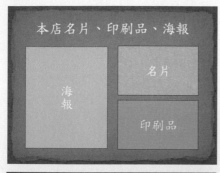

7. 本店名片、印刷品、海報

8. 本店菜單

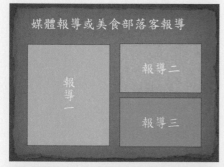

9. 媒體報導、美食部落客報導，或
   網友口碑
- 可將餐點照片和「美食部落客」用
  餐心得重點敘述結合成一頁。
- 可將餐點照片和「網友」用餐心 得
  重點敘述結合成一頁。

10. 得獎紀錄

11. 客群分析
● 主要客群：
說明喜歡什麼樣口味的消費者會最喜歡你的主力或特色餐點。
● 次要客群：
說明什麼樣的消費者會喜歡你的其他餐點。

12. 事業發展及展店計畫
● 說明未來可能的發展計畫，例如副牌的成立或新產品開發，以及展店計畫。

13. 行銷計畫
● 簡單說明如何和競爭店家做出產品區隔。
● 簡單說明初期及中期行銷計畫。
● 簡單說明行銷管道（例如網路媒體、消費者口碑等）。

Q4 提案後，如果商場對我有興趣，要我進櫃，我應該馬上答應嗎？

【A】雖然教大家如何進駐商場美食街設櫃是本書的目的，但我們在前面分析過，商場分成 A、B、C 三級，A 級商場美食街競爭激烈，我們必須說，如果是沒有經驗的餐飲業者，是不太可能一次就申請到 A 級商場的美食街櫃位，但 B 和 C 級商場的美食街就有很大的機會進駐。

我們假設 A 級和 B 級商場都對你表示出高度興趣，B 級商場說最近會有專櫃撤櫃，他們會儘快安排櫃位，A 級商場則說可能要等好幾個月，甚至半年左右才有可能有空櫃位，這樣的話是該直接進駐 B 級商場，還是等 A 級商場的櫃位？我們的建議是，先去 B 級商場設櫃，因為經營美食街的商場業者會四處觀摩其他美食街，如果他們覺得你的專櫃很有潛力，就有可能主動邀請你去設櫃，總之，只有先進駐設櫃，才有機會被看到。

那如果是一直有空櫃位的 C 級商場也同意你設櫃呢？我們的建議是「還是不要去」。C 級商場本身在經營上已經有問題，依附在商場內的美食街經營狀況也不會太好，進駐後賠錢的機會不小，對於一直都有空櫃位的 C 級商場美食街，還是不要輕易進駐比較好。

Q5 專櫃的前臺後場設計能不能自己來？廚具設備能不能買二手就好？

【A】除非你已有在美食街設櫃的經驗，否則我們非常不建議你為了

省錢而凡事自己來。專櫃設櫃的流程很複雜,加上時間短,必須依賴有經驗的設計公司、廚具廠商才能順利完成。

如果一切順利也都簽約了,商場會給業者櫃位設計規範和基本的櫃位平面圖,讓業者開始設計整個櫃位的平面結構圖,以便商場審核。

一般情況是業者會找設計公司做專櫃前臺後場的設計施工統包,設計公司也會找有經驗的廚具廠商合作,請廚具廠商繪圖。之後,業者就要將自己確定的操作流程跟廚具廠商討論,好確定廚具擺放位置,像是前臺哪邊要擺收銀櫃檯、菜單、樣品櫃,出餐檯要在哪裡,需不需要小菜檯等等。至於後場廚房的設計牽涉到菜單和料理流程,這也需要跟廚具廠商討論,才能設計出最有效率的廚具位置。

通常從前後臺裝潢好到正式營業大約只有 1 ～ 2 天的時間,前一家撤櫃的當天晚上就要進櫃,所以事前一定要規畫好,而進櫃當天從建置、試爐、試機,通常都要在一天內完成,一般來說,商場只會給一天的調整時間,可想而知,有經驗的專業廚具廠商有多重要了。

我們也見過有些專櫃為了省錢,去買中古的廚具設備,找一般水電行來安裝,問題是水電師傅懂水電不見得懂瓦斯,結果牽管線時問題重重,原本一天要搞定的進櫃搞了好幾天,拖延原本開業時間(專櫃晚一天開業,商場就少一天收益),搞到最後反而被商場罰錢,可說是得不償失。

專業廚具業者因為對商業廚房建置有豐富的經驗,也有各種結構圖的

資料庫，所以他們跟專櫃業者討論菜單和操作流程時，也能夠根據經驗檢視料理流程是否順暢，廚具設備安置順不順手。

綜合以上，我們還是建議第一次進櫃的業者，最好將設計和廚具設備採購的工作委外，跟專業廚具廠商合作，不但可以學到很多訣竅，最重要的是能夠保證準時開業。

Q6 除了「專櫃結構平面設計」和「廚具等設備進駐」之外，還有哪些細項工作需在進櫃前完成呢？

【A】除了以上的大項目之外，還有餐具訂購、人員派駐等都要在進櫃前完成。

餐具

美食街餐具以美耐皿為主要餐具，因為美食街的餐具清潔是委託洗碗公司以機器清洗，大部分的餐具都有一定的規範，因此在籌備階段就要跟美食街管理部門訂購餐具（包括碗、盤、碟、筷子、湯匙、托盤），並說明尺寸大小及用途，如果有特殊的需求，也要提早提出申請，並提供特殊餐具的照片（側面照及鳥瞰照）。

人員

美食街是由商場或通路管理，人員管控很重要，業者要派到美食街工作的人員也需要在商場管理部門留有記錄，因此需要填寫「派駐人員申請表」，另外餐飲從業人員也要做健康檢查（包括胸部 X 光、A 型肝炎、梅毒、傷寒檢查），也須參加工作及衛生安全注意事項宣導。

美食街專櫃的員工服裝也是品牌的一部分。

為維持統一形象，美食街員工多半會穿制服，因此也要填寫「制服訂購申請書」，每位工作人員都需要制服、識別證、打卡片等個人用品。

人員教育訓練則包括收銀、結帳、基本管理規則等，商場管理部門也會派人在開業前進行訓練，這樣開業後才不會手忙腳亂。

花車比較適合輕食或點心類的業者。

 專家建議

花車與臨時櫃位

除了正式櫃位之外，商場還有花車跟臨時櫃位的選項，然而花車跟臨時櫃位比較適合輕食或點心類的業者（像薯條、紅豆餅等），需要明火的餐飲業者不可能用花車烹調餐點給消費者，百貨公司或購物中心的美食街也少有臨時櫃可以設櫃，所以申請正式櫃位才是進駐美食街的正規作法。

02
{ 合約檢視 }

合約是美食街管理部門（我們在此簡稱「商場」，在合約中就是甲方）和業者（在合約中就是乙方）之間彼此的權益保障和約束，因為日後彼此若有任何疑問或糾紛，都會以合約為依據，所以業者更要注意合約的基本條款，也可做為評估是否要進駐美食街的考量。

通常一份合約內應該會有以下幾項重要的內容：
❶ 專櫃位置。
❷ 合約期限。
❸ 費用計算。
❹ 清潔衛生與環保衛生管理。
❺ 設施規畫、維護與管理。
❻ 從業人員衛生管理。
❼ 違約罰款。

〔 專櫃位置 〕

通常合約中會註明乙方的專櫃位於商場（或任何營業區）的哪一個樓層、哪一個位置、面積多少，同時還會有附圖。

〔 合約期限 〕

一般來說，美食街合約一次簽 1 ～ 2 年應該算是很常見的，最多可以簽 3 年，就算是長約期。

- 通常在合約期限內，沒有甲方同意，乙方是不能停止營業或將專櫃轉手給第三人經營，也不能將專櫃（不管是全部或一部分）出租、抵押或頂讓給第三人。專櫃就只有乙方（簽約業者）能經營，以其他方式找來第三人經營或合作經營都不行。

- 不只乙方不能中途不玩，甲方在合約期限內也不能臨時喊卡，否則也是有賠償條款，這一點乙方（業者）可以問清楚，如果沒有註明這一條，業者也可要求加入本條。

- 通常合約簽 1 ～ 2 年的原因是為了攤提一開始投入的裝修成本，因此最好仔細精算建置成本，免得開始經營後才發現——**攤提的成本太高，吃掉營收導致虧損**，之後要再修改條約是不太可能的。

- 如果乙方有合夥人，最好簽約時，所有合夥人都確定瞭解並同意合約內容。高雄的百貨公司美食街就曾發生專櫃業者是由合夥人 A 代表跟百貨公司洽談三年合約，最後合夥人 A 因故跟合夥人 B 拆夥，只剩合夥人 B 經營專櫃，但合夥人 A 擅自跟百貨公司達成三年合約縮短成二年，合夥人 B 直到百貨公司寄來約期縮短至二年的通知才知道，對獨自經營專櫃的合夥人 B 來說，當然覺得攤提成本變高了，於是氣急敗壞地去找百貨公司洽談，最後雖然圓滿收

場,但還是應避免這類事情發生。

〔 費用計算 〕

(＊詳細的收費項目,可以參考 Chapter2 的〈商場美食街的收費項目〉,見 P.57)

保證金(保證票)

通常簽約前乙方需將現金或本票(也可能是支票)30 ～ 50 萬元繳交給甲方,合約期滿或終止時,扣除乙方應付給甲方之欠款、賠償及罰款後,甲方應將剩餘的履約保證金無息退還乙方,如果保證金被扣完還不夠,乙方則得補足不足的保證金。

裝潢費用

包括機電、木作裝修、水電、消防、空調、排煙等跟櫃位裝修有關的費用,日後都會是甲方收費的內容,所以要看清楚合約。

抽成比例

經營者根據業者每個月的營業額抽取 20 ～ 25％的費用。 假設一個月營業額是 60 萬元,在簽約前,如果抽成能夠減少 1％,那一個月就少付給甲方 6 千元,所以乙方要盡量爭取。

水電瓦斯費

我們在〈Chapter2 成本篇〉中有提到,專櫃的水電瓦斯費用由乙方自行支付,水費和電費方面,部分商場(甲方)會加上一定比率的公共場域用水用電費用。

其他費用

乙方也要問清楚，其他像是「垃圾廚餘代清運」及「衛生消毒費」等，每月需要支出的費用有哪些？

〔 **清潔衛生與環保衛生管理** 〕

餐飲業最重要的就是衛生，因為美食街中任何一家專櫃如果出現衛生問題，輕者像是被顧客發現小強、老鼠，重者引發顧客食物中毒，不只專櫃的商譽受損，美食街所有專櫃都會被波及，美食街損失慘重，所以這部分的規定會很嚴格。

通常乙方如果在清潔衛生或環保衛生管理上有違失，甲方會依情節輕重而有以下不同的處置方式：

❶ 限期改善。

❷ 罰款。

❸ 沒收保證金。

❹ 解約。

簡單的說，美食街專櫃的日常營運管理主要包含個人衛生、環境衛生、食品衛生，也就是說，**餐點要好吃，食安更重要**，所以業者在消極面要注意合約中有關違反食安的罰則，積極面則要依循合約中的食安規範，讓自己的專櫃更進步。食安相關的規範包含以下項目：

❶ 食品及其原料之採購、驗收、處理及儲存。

❷ 食品烹調和設備的衛生管理。

❸ 洗手及其設備的管理。

❹ 供膳的衛生管理。

❺ 用餐場所及用餐盛具的衛生管理。

❻ 廢棄物處理及病媒管制。

〔 設施規畫、維護與管理 〕

本條規主要說明作業場所、食材處理與保存、烹調、倉儲等規範。其實跟街邊店餐廳的廚房管理差不多，內容包括：生、熟食不能在同一塊切菜板處理，收納時也不能放置在同一層，以避免生食汙染熟食，或是垃圾、廚餘需要分開存放等，只要業者能做到基本的廚房管理，不要太誇張，大致上應該不會有太大的問題。

〔 從業人員衛生管理 〕

乙方派駐到專櫃工作的從業人員，包含烹調、配膳、接待等所有正職、約聘、臨時工或是工讀生等，都需要做好名冊，有些商場還會要求提供人員的工作時段、職務分配等細節。

乙方從業人員也要提供身體健康檢查證明，有 A 型肝炎或一些傳染性疾病都不能在美食專櫃工作，有些商場也會規定，從業人員一年至少要接受 8 小時衛生主管機關或認可之相關機構所辦理的衛生講習。除此之外，甲方還會規範乙方從業人員的服裝、儀容以及安全衛生守則，如果有違反的話，也會被記點或有相關罰則。

1 美食街專櫃不管前臺後臺都要維持清潔。

2 工作人員要穿著制服,並注意個人衛生。

3 製作好的餐點除保溫外,也要注意乾淨整潔。

4 餐具要保持整潔,地板不堆放雜物。

5 生食熟食要分開處理。

〔 違約罰款 〕

業者在一般日常經營中若有違反規定，可能會有相應的罰則，這些都會記載在合約之中，簽約前要注意。違約罰款各家商場的規範不盡相同，在此介紹一些較需注意的項目以供參考。如果乙方想提早解約，在進櫃第一年、第二年或第三年解約，罰則也會不同。當然進櫃第一年就要解約撤櫃，罰則肯定最重。

人員管理條例的規範中，不只是內場廚房工作人員的食安規範，也包括外場及商場管理部分，專櫃人員也要一併遵守，例如以下情節都屬於違規事項：

❶ 利用顧客統一發票冒領贈品或折價。

❷ 漏開或短開統一發票。

❸ 在商場內嚼口香糖或吃零食、吸菸。

❹ 工作人員不穿制服、服裝不整、未配戴識別證或配戴位置不當，或穿拖鞋。

❺ 工作人員對顧客服務態度不佳，導致顧客抱怨。

以上這些違規事項也都列入人員管理考核條例之中，如有違反，都會有包括罰款在內的處罰條例。或許有業者覺得商場管理過於嚴苛，但這些都是任何一家有規模的餐廳基本的管理條例，如果你有成為連鎖餐廳的企圖心，和商場合作的過程，就是透過學習商場各項規範與SOP，學習成為優良餐飲業者的契機。

03
{ 美食街選位 }

一旦有機會進駐美食街設櫃，接下來面臨的問題就是選位，了解商場或美食街的分布和動線，對日後營業發展有重要的影響，因為**地點確實會影響到營業狀況**。臺灣大多數商場建築都是方形結構，因為方形結構是所有形狀中最能發揮坪效的構造。以下我們就以方形結構美食街為例，講解美食街選位的基礎概念。

美食街櫃位典型分布

有些百貨公司也會善用電扶梯之間的空間做為公食區。

大多數的商場美食街都位在地下樓層或是最頂樓，通常消費者進出各樓層大多以電扶梯為主要動線，以美食街動線圖-1為例，這是一個很典型的地下樓層美食街的分布構圖，商場的中間是電扶梯，周圍橘色方塊是美食櫃位，呈ㄷ字型的結構，電扶梯後方空間還是有客席區（也可能不會有，不是每個美食街的構型都跟本圖一樣），再後方的周邊則有箱型電梯，更邊邊的空間會設置洗手間或其他服務設施。

除一樓外，商場各樓層的進出都是以電扶梯為主動線，因此從圖-1
可看到消費者搭電扶梯下到美食街樓層時，絕大多數人都會往右（也
就是順時針方向）走一圈，最後通常都會繞一圈到商場邊陲地帶，例
如電梯前，如此就完成一次的美食街瀏覽。

熱門櫃位區與冷門櫃位區

〔 陰陽面 〕

美食街也有所謂的「陰陽面」，有些位在一樓的美食街多半有一個以
上的出入口，那麼面對出入口的那一排櫃位都是「陽面」，因為消費
者從出入口一進到美食街就能看到這一排櫃位；至於在美食街內面的
櫃位，因為消費者得繞到後面才看得到後面這一排櫃位，自然就是
「陰面」了。

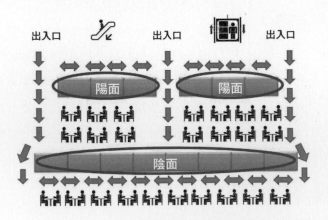

▌美食街分布與動線之陰陽面說明

〔 頭尾段 〕

如果美食街是ㄈ字型結構的話，就有所謂的「頭尾段」，頭尾的位置是消費者進入美食街之後，走到最後才會看到的櫃位，對做生意來說比較不利，因為消費者在瀏覽前幾家櫃位時，就可能決定點餐，後面的櫃位自然就比較沒有機會。

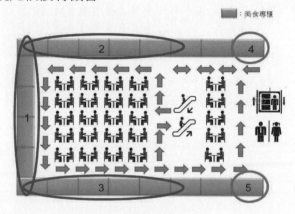

▌ 美食街動線圖-1

我們來分析美食街動線圖-1，當消費者從電扶梯下到美食街時，會習慣性向右轉，但消費者會先看到正對面的「櫃位區1」，然後右轉開始巡迴瀏覽，然後往可看到整個美食街櫃位的方向走（往逆時針方向，但也有可能順道看右側較少櫃位的「櫃位區4」，也就是ㄈ字型美食街的頭尾區），開始看「櫃位區2」，再瀏覽剛剛下樓時看到的「櫃位區1」，然後再左轉看「櫃位區3」，最後則會看到頭尾段的「櫃位區5」，這樣算完成一次美食街的瀏覽。

所以從圖-1來觀察，會發現「櫃位區2」跟「櫃位區1」算是這種布局的熱門區域，「櫃位區3」也不錯，至於「櫃位區4」跟「櫃位區

5」都是頭尾區,其中「櫃位區5」算是最冷門的區位。

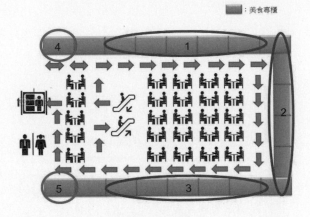

■ 美食街動線圖-2

接著我們來看美食街動線圖-2,這張分布圖會發現ㄇ字型美食街的開口方向跟圖-1相反,消費者下電扶梯之後也是習慣向右轉開始瀏覽,這時後有可能會向左看一下櫃位區4」,但通常都會順著「櫃位區1」開始瀏覽,以順時針的方向瀏覽「櫃位區2」及「櫃位區3」,最後才瀏覽到「櫃位區5」。

所以從圖-2可看出,消費者進到美食街後,會依據兩個原則前進,一個是向右走,一個是朝櫃位多的方向走。只要在美食街的電扶梯周圍觀察一段時間,就會發現從電扶梯進到美食街的人大多會往右走,而且有不少消費者習慣繞一圈之後才決定要吃什麼。

這兩種美食街構造之所以較受美食街經營者的青睞,原因在於消費者進入美食街後,站在任一定點都能看到80%的櫃位,這樣的布局也

能盡量避免新進業者覺得自己被放在最弱勢的位置，抱怨再怎樣努力生意也做不好。

美食街櫃位的安排

實際到百貨公司調查，百貨公司美食街櫃位的安排，會以消費者的喜好程度來做調整，如果將美食街動線分成**動線的起端**（消費者進入美食街的起點，也就是電扶梯），和**動線的末端**（也就是ㄈ字型美食街的「頭尾段」），商場經營部門反而會把最受消費者喜愛的料理安排在動線的最末端。另外根據調查，消費者也傾向於在動線末端看到甜品櫃和飲料櫃，因此我們也常在電扶梯的背面（通常也很接近美食街的動線末端或出口處）會看到甜品櫃或飲料櫃。

根據我們的經驗，美食街的好地段大致落在**商場的中心地段、電扶梯旁或美食街出入口附近**的人潮動線上，但即便如此，並不是說落在好位置就有百分之百的優勢，畢竟還是有許多業者靠著出色的美食、吸引人的商品組合，獨特的品牌特色，即使在邊邊角角的位置，生意一樣做得火紅。

{ 04 **進駐美食街** }

在美食街開業設櫃,除了客席、洗手間是由商場規畫共同使用之外,每個專櫃的前臺和後場,還是得由專櫃業者自行設計。

畢竟開始營業後是自己和員工在前臺、後場工作,不是美食街管理人員幫你忙進忙出,因此進駐美食街的前臺設計和後場規畫,大多數的情況都是自己要解決。在設計和規畫的過程中,最好請專業設計公司、廚具公司幫忙,才不會等正式營運時,很多設備都不順手,那問題就大了。

美食街專櫃前臺規畫

一般來說,商場美食街一個櫃位的面積平均在 6 ～ 8 坪(也就是20 ～ 26 平米)之間,一般前臺與後場廚房規畫的面積比例為 1：3為原則。前臺跟後場廚房一樣重要,前臺規畫得好與壞會影響到能否吸引消費者目光,進而激起點餐欲望,以及是否可以快速完成點餐和收銀程序,然後出餐給消費者完成交易。

前臺可大致分成以下幾個區塊或功能區:

❶ 整體設計。

❷ 招牌。

❸ MENU 牌（大型的菜單牌）。

❹ 促銷或主推餐點 MENU 板。

❺ 樣品櫃。

❻ 點餐區。

❼ 出餐區。

❽ 收銀區（收銀機）。

❾ 餐點保溫櫥（有部分餐點是事先做好放在保溫區內，像是炸雞、烤雞等）。

❿ 飲料檯。

⓫ 料理區（少數的美食街會要求業者將一小部分的料理過程移到前臺）。

看到以上的前臺設計元素，應該很少業者還會想著自己動手做吧，畢竟網路討論區的名言：「讓專業的來！」還是有道理的。

〔 結合品牌精神 〕

在做前臺設計之前，一定要確定你的品牌精神是什麼，然後在整體設計上依循品牌精神加以具象化，否則做出來的整體設計跟品牌衝突的話，消費者會覺得「怪怪的」，也影響到消費者進一步瞭解商品的欲望。

例如中式餐廳常用中國紅、牡丹花等元素做裝飾，義式餐廳以綠、

1 用牡丹花紋的地板以及紅磚建築營造出中國風格。

2 將外場前臺櫃子打低，加上板凳，就讓臺南府城的 FU 都出來了。

白、紅三色加以發揮，美式餐廳以紅白條紋、黑白方塊為主題意象，
這些都是長久以來對不同餐飲文化所累積出來的品牌印象，如果今天
一家新開張的義式餐廳用中國木格窗和大牡丹花做整體裝潢，你會不
會有精神錯亂的感覺？

〔 招牌與 MENU 設計 〕

確定整體設計的方向之後，接著才開始設計招牌、MENU。招牌設計
很難有一體適用的準則，因為招牌有時候要實際擺在現場，才會知道
效果如何。因此在實際施工前，可請設計公司先製作示意圖，也就是
利用電腦後製的方式，將專櫃招牌和前臺設施合成在美食街的照片
上，旁邊有其他專櫃做比較，就知道自己的專櫃看起來亮不亮眼。

3 大型菜單牌，除了讓人一目了然，更能吸睛。
4 業者將招牌做成火焰狀，來強調地獄椒的超辣口感。

MENU 牌、樣品櫃，和促銷或主推餐點 MENU 板，三者的設計宗旨都一樣，就是要做到**易看、易選、易買**，照片的美觀是基本條件，套餐編號要一致，盡量讓消費者不用問就能點餐。業者在 MENU 定案前，先試著讓親友、同事試試看，能否在一分鐘完成點餐及收銀流程，即使僅節省 30 秒，也能讓廚房多 30 秒的彈性時間。

〔 樣品櫃與前臺設計 〕

別小看樣品櫃的功能，因為很多消費者即使看過菜單，還是無法決定要點什麼，最後還是靠樣品櫃決定。所以切記，**樣品櫃內的餐點模型絕不能跟實物差太多**，很多消費者都是衝著樣品櫃的模型才點餐的，如果實際餐點內容跟樣品櫃差很多，消費者只會覺得上當，以後絕對

1 樣品櫃中的模型，能讓消費者更快下決定點餐。

2 近年來越來越多櫃位，在前臺展示料理過程。

3 利用大片玻璃隔間，既能展現廚師的料理演示，也不
　會讓油煙外洩。

4 將食材展示在前臺並讓消費者自己挑選，可以帶來不
　一樣的體驗。

不會再上門。

前臺的設計概念應該依照消費者點餐的流程——「消費者從瀏覽菜單到決定點餐，取餐並拿取調味料回到客席區用餐」來規畫，如果不是很清楚前臺該怎麼規畫，建議多去不同的美食街櫃位消費，就知道業者是怎樣規畫前臺櫃位了。

美食街專櫃廚房規畫

一般美食街廚房依照作業流程可大致分成以下幾個區域：
❶ 食材儲存區（冰箱）。
❷ 蔬果及魚肉處理區。
❸ 烹調區。
❹ 出餐區。
❺ 洗滌區（水槽）。
❻ 垃圾儲存區。

一般商用廚房基本烹調設備，可依照自己的產品加以規畫搭配，大致上有：
❶ 爐具（炒爐、西餐爐、高湯爐）。
❷ 煎板。
❸ 油炸機。
❹ 烤箱。
❺ 蒸箱（蒸爐）。

❻ 洗米煮飯機

美食街專櫃的廚房都很小，必須在有限的空間容納足夠的設備，專櫃廚房的規畫原則要考慮 **1. 安全衛生**、**2. 出餐速度**、**3. 設備利用**三項原則。

絕大多數美食街櫃位廚房都是兩排工作平臺的橫型廚房，從食材準備到烹煮都非常方便。如果送到廚房的多半屬於半調理食品，橫型廚房對於處理半加工食品是很有效率的格局，烹煮設備都已經依照烹煮SOP 預先設定，只要按照料理手冊，就能快速調理、快速供餐。

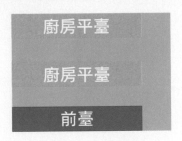

| 橫型廚房示意圖

不同料理需要用到的食材、設備，以及做餐流程不盡相同，我們無法在廚房規畫上提供通用的設備規畫圖，但以下是通用於所有廚房的設計原則，可供大家參考：

距離越短越好
廚師在廚房的工作動線距離越短越好，最好是廚師站在廚房中心，僅需移動 1 ～ 2 步就能到達設備位置料理食物。

廚房規畫重視方便性，工作人員只需移動一、兩步就能到達所有的設備。

工作動線不反向、不交錯

工作動線不反向，例如料理時得從左移動到右，又從右移動到左；工作動線不交錯，例如拿完左前方上方的食材，下一步卻是轉身蹲下拿右後方的調味料。

以下是美食街一家鐵板燒專櫃的水電、配置、排煙設計圖，從以下設計圖可知，專櫃設計最好還是交給專業業者做比較保險。

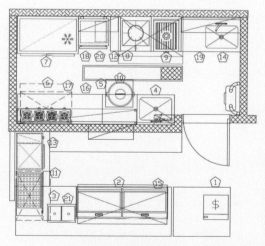

NO	品　名	型式.尺寸(mm).備註			數量
1	收銀機	50	50	30	1
2	電力式鐵板爐（3P 380v 9kw）	84	60	30	2
3	電熱式燒烤爐　HY-806	59	43	25	1
4	大單水槽/下層板	75	60	80/40	1
5	工作台/下煮飯鍋車	70	60	80/40	1
6	三層工作台	170	60	80/40	1
7	四門冰箱上凍下藏	120	75	220	1
8	單口炒爐（現品）MPS-1MT*2	62	70	80/47	1
9	單口湯爐（現品）MPS-1VT*2	60	70	45/40	1
10	50人份瓦斯煮飯鍋　RR-50A				1
11	工作台/下層板	100	70	80/40	1
12	補板	20	60	40	1
13	電氣式單敏烤箱　JS-301	74	53	43	1
14	工作台/下層板/右煙	120	70	80/40	1
15	臥式冷藏冰箱（訂製品）	185	60	60	1
16	雙層桌上架	240	30	60/40	1
17	四連式爽仔爐（訂製品）	100	27	25	1
18	雙層壁架	80	30	30/40	1
19	雙層壁架	120	30	30/40	1
20	上掀式冷凍櫃（輕表櫃）	61	65	89	1
21	電熱式保溫恩櫃（110V）D7702	57	37	22	1

▌美食街專櫃廚房（鐵板料理）廚房設備配置圖

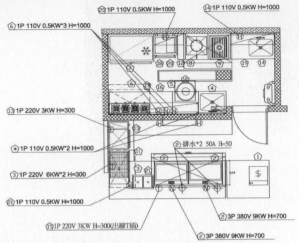

②1P 110V 0.5KW H=1000
⑥1P 110V 0.5KW*3 H=1000
⑭1P 110V 0.5KW H=1000
⑬1P 220V 3KW H=300
*1P 110V 0.5KW*2 H=1000
③1P 220V 6KW*2 H=300
㉑1P 110V 0.5KW H=1000
⑮1P 220V 3KW H=300(出線T插)
②排水*2 50A H=50
②3P 380V 9KW H=700
②3P 380V 9KW H=700

▎美食街專櫃廚房（鐵板料理）水電設計圖

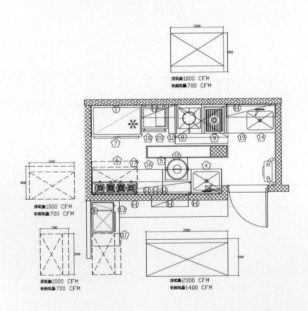

排氣量1000 CFM
補耗風量700 CFM

排氣量1000 CFM
補耗風量700 CFM

排氣量1000 CFM
補耗風量700 CFM

排氣量2000 CFM
補耗風量1400 CFM

▎美食街專櫃廚房（鐵板料理）排煙風量設計圖

項次	項目	抽補風及空調	煙罩設備商	丙工裝修及水電	瓦斯公司	廚具設備商
1	煙罩	風管與煙罩銜接	煙罩及吊裝			
2	給水			配管至用水設備後方適當高度及凡而		高壓軟管、長柄龍頭及與凡而銜接
3	排水管			配管至用水設備下方適當位置		設備排水管及銜接
4	插座			依圖面配至定位並裝設插座		
5	電線出線口(臥式冰箱)			依圖面配至冰箱壓縮機房內並預留60CM線材		結線
6	瓦斯爐具				瓦斯公司配管至爐具下方考克	爐具及考克銜接

▌廚具廠商與相關承商施工界面

行銷活動

美食街的行銷活動可分成「**百貨公司及美食街整體行銷**」和「**專櫃開幕行銷**」，整體行銷的目的在於帶動人潮來商場消費並用餐，現在百貨公司除了最重要的週年慶之外，其他月份也會有促銷活動，透過不同的活動帶動不同樓層商品的銷售。

經由百貨公司和購物中心的行銷活動所吸引而來的人潮，在逛街購物之餘，通常會留下來吃飯，所以美食街通常不需要太用力做行銷。當然有些知名餐廳在百貨公司裡開店（注意！不是在美食街裡設櫃），也會吸引消費者到百貨公司吃飯順道逛街，所以美食街或餐廳與百貨公司的關係是相輔相成的。

如果你是進駐一家全新開業（或全新改裝）的商場美食街，為了宣傳開幕，商場會統一製作宣傳廣告、DM 和媒體報導，只要商場能吸引人潮，美食街自然就會有客源，此時美食街的行銷只要配合商場的宣傳策略就可以了。

如果是頂替接櫃，周圍都是已經經營一段時間的專櫃，這時候除了美食街樓管人員和管理人員協助之外，自己也要想辦法讓專櫃能吸引更多顧客。

〔 美食街專櫃開幕行銷 〕

自己的生意自己救，不管是開街邊店還是在美食街設櫃，要讓顧客上門而且一來再來，基本條件當然是你的料理要夠好吃，而且讓顧客有物超所值的感覺，接下來談行銷才有意義。

新開張的專櫃，做開幕宣傳的主要目的，是為了讓附近住戶和到商場購物的消費者知道有這家新專櫃，邀請他們來光顧。只要客人覺得好吃，下次就有可能再來，專櫃知名度也會變高。

此時，最高的行銷原則就是「**午晚餐時段，專櫃前總是人潮不斷**」，以下有幾個方法可以嘗試：

派發 DM（或廣告面紙）搶頭香

事前跟美食街樓管人員商量，在美食街出入口發 DM 或廣告面紙，讓來到美食街的顧客知道新開了一家專櫃，增加消費者的好奇心。

立牌不可少

在新開張的專櫃前架出立牌，不管是名人推薦、節目或新聞採訪報導，都要做成立牌，一般消費者還是很吃大眾媒體報導這一套的。

限量特價招人氣

特價永遠是吸引消費者的有效方法，特別是在景氣低迷的今天，消費者對特價的商品更有興趣，這類的行銷手法至少有以下幾種：

❶ 套餐半價。

❷ 招牌商品超低價促銷。

❸ 買一送一。

❹ 三人同行一人免費。

❺ 二人點餐加送一份小菜。

❻ 開幕前三天排隊前 50 名特價。

❼ 開幕前三天排隊前 30 名顧客免費。

❽ 限量 1 元試吃。

以上這些促銷手法，都能吸引人潮排隊，就看業者覺得哪一種手法最適合自己。美食街樓管人員也希望新引進的專櫃能賺錢，所以他們也會盡量幫助業者做好開店的促銷活動，如果有任何行銷上的問題，也都可以請教樓管。

1 這個專櫃用螢幕播放媒體報導，促銷立牌在旁邊，業績確實有增長。

2 如果有促銷方案，可獨立出來讓消費者一眼就看到。

3 有的專櫃會掛出主廚照片，這也是一種行銷手法。

4 平面報導也可以列印出來展示。

chapter
5
營運篇

{ 01 食材進貨和準備 }

有開過街邊店的業者到美食街設櫃後，食材進貨跟原本店面的進貨，基本上不會有太大的差異，但對剛創業不久的業者而言，因為不熟悉，所以食材分量跟品質的掌控都不太有把握。我們建議創業者，**一開始的食材進貨一定要自己來**，包括食材採購也要親自去採買，如此才能逐步掌握食材進貨的成本波動和供應商的可靠度。

掌控食材分量

食材採購要注意的事項，除了食材品質之外，可能會抓不準分量而浪費食材、增加成本。在成本篇中我們談到**「人事」**和**「食材」**是經營餐飲業的兩大成本，只要能降低其中任何一項，就等於提高利潤，由此可知掌控食材分量，對一家店的營運來說是很重要的，以下是幾種確認進貨數量的方法：

❶ 依照預估營業額來訂貨。

❷ 依照使用量來訂貨。

❸ 依照食材儲存有效期限來訂貨。

❹ 依照盤點結果來訂貨。

另外會影響到訂貨內容和數量的因素如下：

❶ 季節變換推出季節限量餐點，需要訂購當季新食材。

❷ 促銷活動增加食材訂購量。

要掌控食材的分量，平時一定要製作食材使用量的報表，包括日報表、週報表、月報表，並對照營業額和餐點製作數量，才能確定食材有沒有被有效使用。

剛開始創業來看，一週檢查一次進貨及食材消耗數據較好，看一週的變化來準備下一週的進貨量，但要注意商場在接下來是否有辦大型活動，亦或是商場電影院是否要推出熱門電影，這些都會增加美食街的來客數量，提高點餐率。

為食安把關

臺灣近年食安問題嚴重，為了確保使用的食材都安全無慮，我們建議在進貨時要盡可能確認以下幾點：

〔 食材品質 〕

確認安全標章

尋找有 CAS（台灣優良農產品標章）或 HACCP（餐飲業食品安全管制系統）標誌的合格廠商。日後若有新的規範標章，也同樣要尋找符合新規範標章的廠商。廠商也需提供產品的產地來源證明或進貨憑證。

▌ CAS（台灣優良農產品標章）

▌ HACCP（餐飲業食品安全管制系統）

（＊圖片來源為網路。）

試吃

食材品質要穩定，不只在初步洽談貨源供應商時要試吃，之後每次進貨也都要試吃檢驗，以免廠商在簽約後的日常供貨「狸貓換太子」。

品質與價格

食材品質與進貨價格一向是業者的兩難，但從事餐飲業，食材品質永遠是第一位，剛開業時，如果供應商也是新的，能拿到的價格不會太優惠，但進貨成本會隨著進貨量穩定而下降。

〔 **供應商條件** 〕

供貨

供應商能夠根據業者的需求彈性供應新商品。

建立供應商名錄

找出第二供應商，萬一主要供應商供貨不及或有其他問題時，食材貨源才不致中斷。

採購契約

- 最好能跟供應商簽訂「採購契約」，契約中除數量外，如果是需要低溫冷藏的食材，一定要要求對方運貨時要用低溫冷藏車運送。
- 契約中也要註明退貨或賠償條件，避免廠商提供的食材不符規定，造成業者營業損失。

〔 採購頻率 〕

訂出不同食材的進貨週期

例如魚、肉、蔬菜等需要冷藏的新鮮食材因不耐久放，最好 2 ～ 3 天進貨一次，冷凍牛肉這類的冷凍食材約 5 ～ 7 天進貨一次，至於常溫下可保存不變質的食材則約 10 天進貨一次。

自行採購 vs 供應商代購代送

〔 自行採購 〕

如果一開始食材的量不是很大，或是想要自己掌握貨源，其實可以到各地的批發市場去找貨，臺北、臺中、高雄等城市都有大型生鮮蔬果批發市場，很多人會以為這些批發市場都只接受大量訂單，其實批發

市場周邊有許多店家,他們對訂購數量較有彈性,每次批購數量較少也不是大問題。

直接到最上游的批發市場找貨,除了可以節省食材的成本,也能讓自己保持一定的市場敏銳度,了解哪些食材或商品缺貨或供過於求,或有哪些新食材上市,有利開發新餐點。

〔 供應商代購代送 〕

如果真的沒有時間體力每天一早跑批發市場買貨,請供應商代為送貨到美食街也是另一種方法。很多人煩惱沒有供應商的名單,其實供應商名單就長在嘴上,我們建議以下幾種方法,能讓你順利找到食材供應商。

請教樓管人員

樓管人員手上多少有一些美食街業者的食材供應商名單。

其他櫃位人員

不是所有櫃位的工作人員都那麼小氣,認為介紹供應商給你是幫助競爭對手,只要先自我介紹,態度誠懇些,多問幾家,多半會得到一些產品供應商的電話。

請教送貨員

早上在商場進貨區等供應商送食材時,主動詢問送貨員的公司電話,這也是尋找食材供應商的方法之一。

{ 02 績效檢討 }

好不容易得到機會，進駐美食街設櫃開業，但這只是創業的開始，接下來才會真正進入實戰階段。進駐美食街的第一個月是「信心建立期」，也是最重要的一個月，前三個月則決定美食街櫃位的生或死。

開業第一個月檢討

開業第一個月，除了做出讓消費者滿意的餐點，也要站在餐廳經營者的角度，仔細記錄、分析每個經營環節有沒有超出原本的計畫，切記，即使你有很好的手藝，一旦決定創業，**你就不再只是廚師，也是經營者。**

首先要問自己，**進駐美食街的目的是什麼？**

就像很多人想開一家小咖啡店創業一樣，很多人投入餐飲創業的目標是開一家知名的餐廳，但也有人創業的目的是日後想做連鎖餐飲事業，如果是第一種創業目的，街邊店是首選；如果日後想成為連鎖餐飲事業的老闆，就有開街邊店分店或是到商場美食街設櫃兩種方案。同樣是想創立連鎖規模的餐飲事業，走街邊店路線的投入成本會比進

駐美食街專櫃要高出許多。

〔 創立美食街連鎖餐飲的準備工作 〕

一旦決定想創連鎖餐飲，並從進駐美食街開始，從第一個月起，就要有以下三件事要做準備：

1. 料理流程標準化

經營連鎖餐飲第一個難題就是「怎樣讓不同的廚師也能做出一樣的口味」，最典型的範例就是麥當勞，不管在全世界哪一家麥當勞，我們都能吃到同樣口味的大麥克。為了做到這一點，麥當勞將每一道餐點的原物料、配方、烹調方式都加以標準化，可見標準化是經營連鎖餐飲的核心概念。

2. 培養獨當一面的幹部

創業者不可能單靠自己管好幾家分店，需要可信賴的人幫忙分擔。通常第一次在美食街設櫃的業者，工作夥伴都是合夥創業的團隊成員，每個人都有可能是第二家分店的核心幹部。因此我們建議，每個人都要有意識的學習經營一家店的細節，學習項目如下：

❶ 菜色料理。

❷ 開店準備及營運。

❸ 專櫃行銷及顧客服務。

❹ 食材儲存及管理。

❺ 經費支出管理及成本分析。

❻ 人員管理調度。

積極和美食街樓管單位配合，遇到問題時主動詢問，這樣才學得快。

3. 建立中央廚房

創業者可以將本店當成中央廚房，根據經驗，一家餐廳沒有中央廚房，最多只能開到 3 家店，如果具備一個有足夠空間的中央廚房，才有可能開 5 家以上的連鎖店。另外有了中央廚房後，食材採購量增大，才有議價空間，單位成本才會降低，否則光是只有一家本店，再開一家分店，食材數量還是不足以有效降低採購單價。

開業前三個月檢討

開業過了三個月，就要開始思考如何「**提高營運績效**」並「**降低成本**」。經營美食街專櫃其實和經營街邊店餐廳不會差太多，餐廳經營最講求翻桌率和坪效，美食街因為客席區是共用的，因此「如何讓更多人點餐」、「更快速度出餐」就變得非常重要。

我們以鼎泰豐為例，根據調查，到鼎泰豐用餐的客人，平均用餐時間是 30 ～ 40 分鐘，客人一入座，2 分半鐘上小菜，再過 1 分鐘上第二道菜，招牌小籠包在第 6 分鐘上桌。他們內部規定，無論菜色製作如何繁複，第一道菜一定要在客人入座後 5 分鐘內上菜，為了達到以上的規定，自然在食材準備及料理效率上就需要調整到極致，這就是鼎泰豐能夠做到一天翻桌率高達 19 次的主因。

「用餐速度」也會影響到營運績效，有幾個因素會影響到消費者的用

餐速度，包括以下幾點：

❶ 菜單規畫設計。

❷ 消費者點餐速度。

❸ 消費者用餐速度。

❹ 供餐速度（包括製作餐點時間）。

❺ 消費者選擇菜單中能快速製作的餐點。

❻ 消費者選擇菜單中預先製作準備好的餐點。

❼ 提供外帶服務。

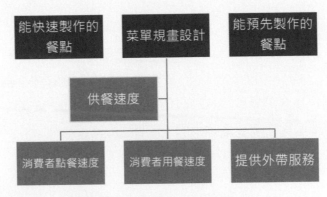

▌影響消費者用餐速度的因素

這幾項算是專櫃業者跟消費者能直接影響用餐速度的因素，開幕三個月後，業者可以依據實際的營運狀況，從這幾個方向進行自我檢討，思考有無改進的空間。

至於其他影響用餐速度，但跟美食街專櫃較無關聯的因素包括：

❶ 收餐及清潔桌面的速度（跟美食街清潔人員服務品質有關）。

❷ 動線設計（跟美食街經營者有關）。

❸ 客席桌椅間距規畫（跟美食街經營者有關）。

「提高營運績效」並「降低成本」的方法

適時調整商品、維持口味穩定

菜單設計簡單易懂

創業者要親身投入

每天記錄餐點的銷售量

月營業額50萬元是基準

成本控制深入細節

▎美食街專櫃提高績效、降低成本的要素

1.菜單設計簡單易懂

一份好的菜單要讓消費者「易看、易選、易買」，菜色說明要簡單易懂，並配上讓人垂涎欲滴而且跟實際上菜內容相符的餐點照片。製作好的菜單，最好先給朋友看看，測試能不能在不用說明的情況下，就能一眼看懂菜單並選餐。如果消費者能只花 30 秒就決定點餐，在 1

分鐘內完成結帳，之後餐廳在 5 分鐘內出餐，如此就能在短暫的用餐高峰期銷售更多餐點。

2. 每天記錄餐點的銷售量

將每天所有餐點的銷售量記錄下來，檢討消費者喜歡和不喜歡的餐點，看看有哪些相似或相異之處，能否做為調整菜單的參考。對於不受消費者喜愛，或是銷售欠佳的餐點，在研發新菜單之後，必須當機立斷以新餐點汰換。研發新餐點的目的不只是為了淘汰競爭力弱的餐點，而是經營餐飲業一定要隨時充滿活力，讓產品保持新鮮感，帶動消費者嘗試。

3. 成本控制深入細節

我們將成本擺在第三位的原因，是希望業者不要在創業之初就將成本擺在第一位，否則很容易陷入以次等食材來降低成本的數字迷思，這會造成經營上的反效果。但這並不表示我們不重視成本，而是應該在合理的範圍內去思考成本控制。

我們曾提到美食街設櫃各項成本中，店租（抽成）占 20 ～ 25%、食材占 30 ～ 35%、人事占 20 ～ 25%，店租、食材，加上人事的成本，總計不能超過總支出的 75%。因為根據統計，經營美食街專櫃的正常淨利約在 10% 上下，但如果從日報表發現食材的成本超過總支出的 35%，淨利就會低於 10%，因此一定要評量每日、每週的開支是否合理。別忘了，食材成本不只包括做餐消耗的食材，沒用到因此過期而丟掉的食材更是成本。而且丟掉的越多，成本越高，只有穩定增加來客數和銷售數字，食材使用率才會提高，食材耗損率才會降低。

營業初期食材成本偏高的原因是因為剛進駐美食街，還抓不清楚平日、假日的來客量，常被點的暢銷商品是哪些，這些都會影響到不同食材的備貨量。因此創業者需要每天詳細紀錄每道餐點的銷售狀況，建立歷史數據，才能降低食材耗損率，讓食材成本控制在合理範圍。

4. 月營業額 50 萬元是基準

如果扣除所有成本，利潤是零，那還不如不要創業，我們在討論美食街櫃位營運時，必須找出一個至少讓創業者感到有獲利的營業額。因為跟商場簽約大多是「包底抽成制」，假設跟商場簽約是以月營業額50 萬元為基準，就算營業額低於 50 萬元，還是要付給商場 50 萬元中一定比例的租金，因此一定要想辦法在前幾個月找到專櫃的營運模式，讓營業額高於 50 萬，才不會讓自己做白工。

另外以創業者的收入來看，月營業額如果有 50 萬元，扣除成本後淨利為 10％（也就是 5 萬元），那加上創業者給自己打的薪資（我們假設是 3 萬元），實際收入就有 8 萬元，也算是不錯的收入。目前在美食街成績不錯的業者，平均月營業額為 80 萬元，以此估算，在美食街設櫃想要破年薪百萬，並不是太困難的事。

5. 營運初期創業者要親身投入

餐飲創業一定要「三到」：**人到、錢到、心到**，三者只要缺一，事業都不容易成功。特別是創業初期，創業者一定要親力親為，才能知道經營一家美食街專櫃的訣竅，沒有太多經驗沒關係，做中學，學中做，只要半年就能獨當一面。

6. 適時調整商品、維持口味穩定

每天記錄餐點的銷售量，做成日報表的目的是，因為很多數據可做為經營的參考依據，特別是產品銷售上，透過日報表的統計可得知哪幾樣產品在哪些時段賣得特別好，哪些產品一直乏人問津。有些餐廳經營者靠直覺經營，卻在開始做日報表後才驚覺，菜單上竟然有幾道餐點從開業至今從沒有顧客點過，進而才開始檢討並調整菜單，由此可知定時檢討菜單的重要性。通常銷售量欠佳的餐點原因不外乎為：

● **顧客不喜歡或不習慣口味**

我們在前面章節也說過，餐點沒有絕對的好吃，消費者對美食街餐點的要求至少要有「不錯吃」的水準，重點是不只要做到「不錯吃」，品質還要穩定，不能這次來吃很好吃，下次再來吃卻太鹹。只要是消費者認同的口味，都要做到即使是不同師傅做餐都能有標準口味。

一旦發現菜單上有點餐率過低的菜色，就要去研究究竟是什麼問題，並嘗試調整，才能再將客人拉進來。切記，廚藝是經營餐飲業的核心價值，客人只會被騙一次，餐點好吃但有點貴，客人還是會願意再嘗試，但**餐點不好吃，客人絕不會再上門。**

● **價格不合宜**

價格不合宜有可能是消費者覺得太貴，但太貴也不是只有降價一個辦法，有時候增加一道小菜，就能扭轉消費者覺得太過昂貴的印象，因此也要全面檢討菜色的安排是否能帶給消費者美味豐富的感受。

03
{ 如何避免經營上的惡性循環 }

根據餐飲業內部的非正式統計，導致一家餐廳關門大吉的原因不外乎：

❶ 餐廳供過於求（同業競爭多）。

❷ 廚師烹調技術欠佳。

❸ 食材耗損過高。

❹ 人事費用過高。

❺ 內部人謀不臧。

美食街專櫃的經營陷阱和開街邊店餐廳相差無幾，唯一的差別是美食街的菜系受到嚴格的控制，目的是讓消費者在美食街能夠有多元化的用餐選擇，因此「餐廳供過於求」這個因素不論在哪個美食街內部都不存在。但如今，越來越多商場或通路開設美食街，則讓商場之間的競爭日益激烈，美食街專櫃業者沒辦法主導商場的行銷策略，因此能做的就是慎選商場和通路。如前章所述，有的商場門前冷落車馬稀，專櫃常見空位或經常改裝招租，這樣的商場通路就是美食街業者要避免的。

另外四個因素雖非環環相扣，但卻相互影響，廚師烹調技術欠佳造成消費者不上門，每天準備的生鮮食材因為沒有使用而丟棄，造成食材

成本的浪費。或者廚師不懂設計菜單，為了滿足菜單需求，而購買多樣過量的食材，也很容易造成食材浪費。

人事費用過高導因於開業之初不懂得安排人力，一般服務從業人員一個月平均至少有 6 ～ 8 天的休假，初期人力調度不熟練，也會使得人事成本過高，但只要經過一段時間的實戰，通常都能將人事成本控制在 20 ～ 25% 的理想區間。

至於如何避免內部人謀不臧，除了尋找足以信賴的合夥人之外，創業者開業初期要全心投入，從進貨成本到烹調餐點、顧客接待及材料盤點等各項細節都要掌握。親力親為三個月以上，所累積的經驗，就能讓你從每天開店的觀察和報表中得知實際營運狀況，自然能降低人謀不臧的問題。

餐廳經營的惡性循環

將本求利是不錯，但凡是把成本放第一位，有時候反而是惡性循環的開始。

根據經驗，開餐廳最常遇到的狀況是開幕時好不熱鬧，開幕期一過，捧場的親朋好友沒了，來嘗鮮的客人沒了，老闆看著空蕩蕩的餐廳和滿廚房的食材發愁，捨不得把食材丟掉，最後過期的食材還是拿來做菜，搞得客人不滿意，然後越做越沒信心。之後為了打平收支開始砍食材和人事費用（因為房東不可能因為房客生意不好就

降房租，裝潢設備費用也都花了），最後餐點分量變少或餐點走味，服務也變不好了，原本對餐廳還滿意的顧客再次上門，發現餐點開始偷工減料、服務變差，自然不會再次光顧，這就是開餐廳的惡性循環。

至於在美食街設櫃是否也會碰到一樣的問題呢？在美食街設櫃的業者，如果第一個月做不好，就開始懷疑到美食街設櫃的選擇是對的嗎？開街邊店會不會更好？於是剛開始的熱情沒了，陷入：

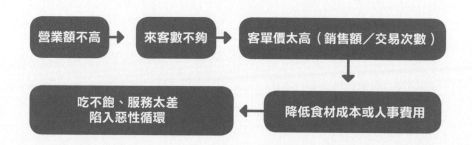

三個月後即使美食街樓管人員開始介入輔導，業者已經聽不進去任何建議，甚至告訴樓管人員：「你說的我都知道，但我只求你讓我走。」即使退出美食街，但因為沒有了解原因並解決問題，日後另起爐灶還是不容易成功。

成功經營美食街專櫃的三不法則

前章有談到，倘若能進駐一線商場或通路，就不用擔心人潮，只要專心在自己的餐點品質即可，不過不是所有業者都有機會進駐一線商場，因此對所有準備進駐美食街專櫃的創業者，如果真想透過美食街建立自己的餐飲王國，我們提供以下的「三不」原則做為開業準則：

熱情不能少	● 要發自內心熱情招呼客人。 ● 抱著「提供讓顧客滿意的餐點」的熱情。
味道不能變	餐點味道是專櫃的核心靈魂，現在的消費者人手一手機，他們都是你的行銷志工。
人員不能減	理想人力配置是一天有三個人在現場。

▌成功經營美食街專櫃的法則

〔 熱情不能少 〕

消費者對美食街專櫃人員的反應是有感覺的，A 專櫃人員熱情招呼，B 專櫃人員守株待兔等待顧客自動上門，對還沒有決定要吃什麼的消費者來說，選擇 A 專櫃的機率會高於 B 專櫃。

因此業者要懷抱熱情，並訓練服務人員發自內心積極招呼客人，抱著「提供令顧客滿意的餐點，就是我們存在的目的」這樣的熱情，把每位上門的客人都當成識貨的老饕。在美食街設櫃要比氣長，一開始會有養客人的陣痛期，別因為沒顧客上門而氣餒。

〔 味道不能變 〕

餐點味道是一家美食街專櫃的核心靈魂，現在的消費者人手一機，他們都是你的行銷志工，如果你製作的餐點味好料實在，消費者拍照上傳到社群網站，就是幫你免費做行銷。想想看，有人免費幫你做行銷，天底下還有比這更好的事嗎？反之，如果你的餐點味道不統一，食材時多時少，消費者也不是笨蛋，被騙一次，不只不會再上門，網路上給你抱怨一下，你的生意還要做嗎？

〔 人員不能減 〕

很多餐飲創業者開業之初，僱用很多外場服務人員，希望能提供消費者賓至如歸的服務，但隨著經營欠佳不斷砍人，最後服務人員低於應有數量，使得服務品質低落，顧客不滿升高。

美食街專櫃也會有同樣的情形，根據經驗，一家美食街專櫃的理想人力配置是一天至少要有 3 ～ 4 個人在現場。至於人力配置則最好是 3 ～ 4 個正職人員搭配 1 ～ 2 個計時人員，這樣才能符合定期輪休下的人力需求。

服務業人員普遍每個月應有 6 ～ 8 天的休假日，如果不提供，業者恐怕也找不到人。至於現場人力搭配上，可能是 3 個正職人員，也可能是 2 個正職人員搭配 1 個計時人員（其他人休假）。而搭配方式會是 2 個在內場廚房，1 個在前臺，或是 1 個在廚房、1 個在前臺、1 個支援（看哪邊比較忙就去支援幫忙），這樣的人力配置既有彈性，也能應付高峰期突然爆增的點餐量。

有業者說：「我有 3 位正職人員，這樣還會人手不足嗎？」但不管是正職或計時人員，3 個人中總有人需要輪休，等於一個月中有好幾天都只有 2 個人在場，1 個在廚房 1 個在前臺，而完成每道菜所需耗費的時間、流程都是固定的，人手不足之下，再多生意 2 個人也做不來。

根據經驗，我們列出人力配置與可達成之營業額對照表：

人力配置	可達成營業額
2 人（2 全職）	30 ～ 40 萬元
3 人 （3 全職 or 2 全職 1 計時）	50 ～ 60 萬元
4 人 （4 全職 or 3 全職 1 計時）	70 ～ 100 萬元
5 人（3 全職 2 計時）	100 ～ 120 萬元

人力配置與營業額有時候會陷入雞生蛋還是蛋生雞的辯論，很多專櫃因為營業額不好，不去檢討是哪裡出了問題，而是直接找可以降低成本的項目開刀，而人力成本是最容易降低的項目，只要減少一個計時人員，就能明顯看到成本下降。但別忘了，**人需要休息，員工休息時間不夠，做菜就無法認真，對顧客也沒耐性，這都會影響到消費者的滿意度，因此營業額不好直接砍人力成本是殺雞取卵的作法。**

專家建議
...

用不完的食材可以做招待用小菜

很多業者會把食材當成寶，如果剛開業時生意不是那麼好，每天都剩下很多食材，要丟掉就會萬般心疼。其實用不完的食材不一定要丟掉，可以將預期賣不掉的食材做成餐點招待客人，多花一點巧思，就能養出忠實顧客。

舉個例子，有些麵包店在晚上打烊後會把當天賣不掉的麵包送到育幼院或里辦公室，分送給當地需要幫助的人，至於美食街專櫃也可選擇將預計會變成庫存的生鮮食材（當然不能是過期或壞掉的食材）多做一份特色小菜或餐點招待客人。如果前臺服務人員能認出已經來過好幾次的客人，也可以交代廚房利用多餘食材做一道小菜特別招待，讓客人感受到在別的專櫃所沒有的禮遇，這也就是所謂「放長線釣大魚」，客人對專櫃有認同感，自然而然就會常來消費。

美食街經營的停損點

只要開店就有賺有賠，在美食街設櫃，一開始因為是新專櫃，有可能很快吸引到不少嚐鮮客，靠著美味和 CP 值高等特點，衝出高人氣，然而隨著時間過去，新鮮感退去，於是業績開始下滑。或者就算是剛開幕，然而消費者還在觀望所以業績不如預期，接下來幾個月就算努力經營，營業額還是不如理想，甚至一直處於虧損狀態，此時就有可能萌生退場的念頭……在走到解約這個局面之前，我們建議先釐清幾個問題：

❶ 已經找出虧損的原因嗎？

❷ 哪些原因最嚴重？

❸ 已經連續虧損多久？

❹ 有沒有進行改善？改善後的效果？

❺ 需不需要設停損點？

〔 找出虧損的原因 〕

可能的虧損原因	因應措施
營業額低 1. 商品不得消費者青睞。 ● 商品設計有問題。 ● C/P 值不高。 ● 烹調手藝欠佳。 2. 服務不佳。	● 改善商品結構。 ● 適時改用較高檔食材或增加小菜，讓消費者有「賺到了」的感覺。 ● 提昇廚師廚藝並調整烹調流程，至少要做到餐點「不錯吃」的水準。 ● 服務人員需要再訓練。

人事費用高	一開始人力安排不熟練，經過一段時間通常都能控制在合理範圍，如果還是過高，有可能是人力調配有問題。
原物料成本高	檢討是否單一食材只能用來做單一餐點，造成食材多樣少量，因而增加成本。
庫存耗損高	庫存耗損高的可能原因還是回歸到造成營業額低的幾個因素，只要能解決營業額低，就能有效降低食材的庫存耗損。
行銷不力	DM、立牌、促銷活動。

當以上問題都檢討過並且改進，但業績始終低落，此時創業者會糾結於一個問題，**撐下去還是認賠殺出**？

開街邊店有店租的問題，店面可能一次簽一年，也可能一簽簽三年，簽一年怕房東第二年漲店租，簽三年的話，萬一生意不好或開店後發現地點不盡理想，甚至於看到更好的地點想提前解約，房東會以你違約為由沒收押金。美食街設櫃也有一樣的問題，因為跟美食街經營者簽約，業者主動提前解約也會因違約而被處罰。因此，如果經過幾個月的調整，業者認為已經盡力，但業績還是沒起色，倘若繼續經營，每個月可能都要繼續賠錢，這樣一直賠下去受得了嗎？還是要設停損點認賠殺出，但怎樣設停損點，怎樣退場？

〔 降低損失 〕

美食街設櫃提前解約所衍生的法律問題都源自合約，在此我們提出幾點建議，萬一走到最後一步時如何降低損失：

一年一簽

業者跟美食街經營者簽約後才正式進駐設櫃，因此雙方的權利義務都載明於合約，如果業者覺得不想再做下去，這時能不能順利解約就要看當初合約簽訂的內容。

合約中有兩條很重要的條文，合約期限、合作條件（包括抽成比例等跟費用有關的項目及違約罰款條文）。

對第一次在美食街設櫃的業者來說，合約期限最好是一年一簽。道理很簡單，通常開業後的前三個月還在熟悉美食街的運作，也有很多要學習的地方，第四個月開始，業者的月營業額才會趨於穩定（不管是達到或超過預期的業績目標，還是低於目標），如果第四到第六個月就已經出現連續虧損的狀況，假設每個月要賠 10 萬元，業者難以負荷，希望提前撤櫃，但依據合約規定業者還有半年合約才會到期，如果經營者堅持業者不能提前解約，那麼到合約期限之前，業者大約還要再賠 60 萬元（10 萬元 ×6 個月＝ 60 萬元）。但如果合約是簽三年，業者經營半年後就想撤櫃，但依據合約還有二年半才能解約，倘若經營者堅持業者不能提前解約，那業者到第三年合約期滿，就得賠 300 萬元（10 萬元 ×30 個月＝ 300 萬元）。因此即使保證金被沒收，外加其他違約金和一些撤櫃所產生的費用（例如專櫃所有裝潢的拆除等），還是比再賠 300 萬元划算，權衡輕重得失之下，業者還是會選擇解約，所以一年一簽對業者來說較能保有經營上的彈性。

退場條款

雖然美食街經營者所設計的合約中可能不會有〈退場條款〉這一條，但我們建議業者，在簽約時可試著跟經營者談談看，能不能在合約中列入〈退場條款〉。像是廠商可提前三個月（或半年）提出撤櫃申請，以便經營者有時間尋找接手的業者（如果是 A 級或 B 級商場，經營者手上都會有不少等著進櫃的廠商名單），當然，如果廠商願意加入這一項條文，肯定也會祭出懲罰條款，例如：沒收保證金（票）、收取違約金、扣押業者的廚具設備等。至於到時業者能不能接受，就要看「撐到合約到期」還是「提前解約」，哪一邊的損失比較大來決定。

〔 退場機制 〕

如果業者決心即使因違約被罰款也要撤櫃，那麼請注意以下幾個步驟：

1. 先找時間跟美食街經營方的主管面對面說明想提前解約撤櫃，除非業績實在太爛，否則主管都會詢問理由，看能否想辦法協助業者調整體質。

2. 如果業者決心要走，再次商談後也沒有改善的空間，就可發存證信函給美食街經營者，表明想提前解約的意志。發存證信函會比業者以公司名義發公文給美食街經營者來得有法律效力，經營者也不能不理會存證信函（如果是發公文的話，經營者有可能會說他們沒有收到）。

3. 因為對雙方來說，存證信函算是有法律效力的溝通文件，通常經營者收到存證信函後，一定要有反應，一種情況是會再跟廠商懇談，如果沒有挽回餘地，就會跟業者談判，請業者再經營幾個月，好讓他們找到接手廠商，在此同時也開始進入撤櫃及業者違約之後的相關法律流程。

4. 另一種情況是經營者一直不理會業者的存證信函（還是有這種很鳥的美食街經營者），遇到這種經營者，決心撤櫃的業者就要有打官司的心理準備。

切記，一般情況下，一旦寄出存證信函就表示開始準備進入撤櫃作業流程，業者一定要仔細思考，「走完合約」還是「違約」哪一方的損失會比較小。可不能跟經營者談判後又不撤了，這樣不但自己做的心不甘情不願，被經營者「點名作記號」後，在美食街的日子也不會太好過。畢竟違約撤櫃這種事情不是兒戲，應審慎評估再決定。

經營美食街專櫃的心態導向

成功一定要付出，付出不見得會成功。做生意沒有必勝法則，唯有用心經營，成功與否，端看創業者的經營觀念，通常經營心態大致可以分成「利潤導向」以及「消費者認同」這兩個方向，詳細可見下表：

經營美食街專櫃的兩種心態	
利潤導向心態	顧客導向心態
● 我要賺多少錢。 ● 我要賣多少。 ● 食物成本只能多少。 ● 只能請多少人員。 ● 商場抽成重，做越多商場賺走越多。 ● 營業額不高，第一要務是縮減人力、食材成本。	● 想用好料理得到消費者的認同。 ● 用好食材才能做出好料理。 ● 食材、人事成本過高，是因為營業額太低。 ● 只要來吃的人越來越多，消費筆數增加、營業額就會增加。

利潤導向的心態，很容易讓經營走向死胡同，這是因為經營餐廳要知道如何「養客人」，也就是要讓客人滿意。做生意其實沒有什麼訣竅，只要掌握**商品滿意（餐點好吃）、服務滿意（服務熱情到位）、消費滿意（餐點 CP 值高）**的「三滿意」原則，顧客自然會再上門的。

會做生意的經營者懂得真心對待新客人，並將新客人養成老客人，客人要的就是那一點點的尊重，有時候只要多花一點心思，就會讓客人回流，這就是為什麼做餐飲業一開始都很難，但堅持下去才有機會成功。如果只是利潤導向，遇到問題想的就是裁減人員，換次等食材，這樣的經營方式大多會失敗。

綜合以上內容，最後給想在美食街設櫃的你，我們有四點建議，期待大家都可以成功！

〔 顧客導向 〕

光有經營餐飲業的知識是不夠的，如果不懂得為顧客著想，老是跟客人計較（例如我用了好食材，卻只賣這麼一點價錢，都被客人賺走了！），無法提供令人滿意的餐點與服務，給你再好的美食街地段也不會成功。

〔 料理第一 〕

經營餐飲業能成功都是因為經營者堅持為顧客提供好料理，倘若為了降低成本犧牲餐點品質，客人就越不會上門。

〔 做好規畫 〕

要有成為美食街專櫃連鎖通路的企圖心，從開幕第一天開始，就要做好食材及料理流程的標準化，並培養能獨當一面的幹部。

〔 接受指導 〕

很多開過街邊店的餐廳老闆，認為自己會料理、懂經營，自認過去經驗可套用美食街專櫃，因而聽不下美食街營運部門的建議，等最後無法挽回時再後悔，商場也已無耐心再給你機會。

因此遇到問題虛心請教，分析別人給你的建議是否可行，確定後就落實改善，日後才有機會成為另一位美食街大亨！

案例 1

義大利麵店
——從欲振乏力到業績起飛

一家義大利麵專櫃進駐美食街後，業績一直拉不起來，以街邊店起家的這家平價義大利麵店，本店的經營很成功，但進駐美食街之後，美食街專櫃的生意卻欲振乏力，如果情況沒有好轉，老闆只能等合約到期後解約回去專心經營本店。

〔 專家剖析 〕

商品力

這家義大利麵專櫃是從街邊店起家再到美食街設櫃，他們直接將本店的菜單複製到美食街專櫃，菜單跟一般餐廳一樣，文字敘述多，餐點照片少，照片品質也不佳，客人點菜要花很長的時間才能決定。另外因為店家認為在美食街設櫃，商場抽成高，所以餐點價格也設定的比本店高。

服務力

街邊店上菜速度比較慢，但客人通常都願意等，進駐美食街後，他們的上菜速度一下子跟不上美食街客人講求快速的用餐節奏。

〔 專家建議 〕

商品力

不論是哪一種餐廳，到美食街設櫃菜單設計都非常重要，一定要讓消費者很快就決定要點哪些餐點，因此菜單版面要圖文並茂，並以照片為主，文字則盡可能說明餐點特色即可。

分析套餐成本，主菜的成本一定比較高，而小菜或湯品的成本一定比主菜低。我們以套餐跟單點做對照，一份義大利麵＋沙拉＋酥皮湯的套餐賣 180 元，跟單點義大利麵賣 150 元，相比之下，消費者一定覺得套餐比較划算，而多半會點套餐。

沙拉和酥皮湯（也就是小菜和湯品）的成本卻比義大利麵（主菜）成本低很多，經營者可透過低成本的小菜、湯品搭配高成本主菜此方式，拉高每賣出一套餐點的毛利。

經過專家指點，這家義大利麵專櫃將菜單大改版成以套餐為主，而搭配主菜的是奶酪和飲料，套餐均價為 180 元。

行銷力

美食街的菜單跟餐廳一本一本的菜單不同，美食街菜單多半單張立在前臺，因此菜單內容也加以系統化，分成「白醬麵類」、「青醬麵類」、「紅醬麵類」、「蕃茄奶油麵類」、「乾炒麵類」、「燉飯類」、「焗烤類」，共重新規畫七類十多道餐點，整齊的排序讓消費者能很快找到自己喜歡的口味，並很快決定要點哪道菜。

而在商品組合上，這家義大利麵專櫃也想出「二人點餐加送小菜」、「點套餐加價送」等促銷手法，像是「二人點餐加送小菜」就是鼓勵消費者一次點二份義大利麵，就能在同一時間完成二筆交易。至於「點套餐加價送」也是鼓勵消費者捨棄對專櫃來說毛利較低的單點，改點毛利較高的套餐，但消費者會覺得物超所值。

菜單要系統化、簡單易懂。

〔 結案 〕

經過輔導後，義大利麵專櫃每月平均營業額由 50 萬元提升到 80 萬
元。

商品力
- 餐點改以套餐為主。
- 菜單設計圖文並茂。

行銷力
- 菜單安排系統化。
- 多做促銷活動如「二人點餐加送小菜」。

▎ **義大利麵專櫃之專家輔導建議**

案例 2

肉圓店
——從食安危機到更上層樓

肉圓一向是臺灣美食之一，一家知名肉圓店進駐美食街時，我們建議他以肉圓為主力商品，並搭配肉羹、旗魚羹、魚丸湯組成套餐，進駐後生意果真不錯。但前幾年毒澱粉事件爆發，這家肉圓店剛好使用到毒澱粉，雖說店家實屬無辜，他們也不知道會遇到無良的上游供應商，但生意因此一落千丈，月營業額掉到 20 來萬元，幾乎關門大吉。

〔 專家建議 〕

商品力

個案的主力商品就是肉圓，毒澱粉讓他們失去了主力商品，為另求生存，我們建議他開發新商品。新開發的商品類別要與肉圓相同，而臺灣消費者還是喜歡飯類的餐點，於是個案開發出來的新主力商品，是同為臺灣小吃的「嘉義火雞肉飯」。個案的火雞肉飯做得很道地，雞肉飯脂肪低，口味又好，深受怕胖的女性上班族群的喜愛。新產品推出這段時間，個案也在尋找品質可靠的供應商，並製作合乎食安規範的肉圓，當毒澱粉事件逐漸退燒後，肉圓再次推出，消費者又回來捧場。危機就是轉機，在渡過這次食安風暴之後，個案等於有了肉圓和

原本以肉圓為主力商品的專櫃，加上嘉義雞肉飯，讓業績更上層樓。

雞肉飯兩項暢銷商品。

當原有商品因突發事件受傷退場，頂而替之的新商品一定不能比原有的主力商品差，才能幫助業者度過難關。隨著時間過去，消費者也逐漸淡忘當初的事件，只要確定自己的商品安全無虞、品質優良，就可等待時機再次推出。

行銷力

由於毒澱粉事件使得肉圓專櫃的生意一落千丈，在事件發生的風口浪尖上，再怎樣解釋、促銷肉圓都於事無補。在開發新主力商品火雞肉飯，並重新調整菜單後，就要開始行銷新的主力商品，除了大尺寸彩色餐點照片及切中要害的文字說明之外，栩栩如生的餐點模型更能幫助消費者加深商品印象。消費者是健忘的，很快的，大家只注意到嘉義火雞肉飯而忘了受毒澱粉波及的肉圓。

如果新商品有媒體報導專訪，或店家改用良心上游廠商以找回商品品質的報導，一定要輸出成彩色大型立牌，放在前臺，若為影像報導，可架設平面螢幕播送，這種側錄播送的效果更能讓顧客認同。

〔 結案 〕

經過毒澱粉事件的震撼教育，肉圓專櫃置之死地而後生的引進新產品，在事件之後反而讓專櫃原本只有一樣主力產品，變成兩樣主力產品，而月營業額也回到 7、80 萬元。

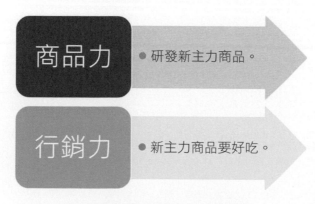

商品力 ● 研發新主力商品。

行銷力 ● 新主力商品要好吃。

▌肉圓專櫃之專家輔導建議

結語

由以上兩個案例我們可知，美食街專櫃可能因為經營策略和方向不對導致生意不見起色，這都可以透過「行銷活動」、「產品結構調整」、「菜單改善」讓專櫃起死回生，但專櫃要能起死回生的先決條件是**產品本身一定要夠好吃**，否則再偉大的專家也救不回來。

WIN系列018

搶進美食街，年賺1,000萬

作者、攝影——張志誠
口述、攝影——鄭聰仁
顧　　　問——陳文彬
主　　　編——陳信宏
責任編輯——王瓊苹
責任企畫——曾睦涵
美術設計——黃鳳君
董 事 長
　　　　　——趙政岷
總 經 理
總 編 輯——李采洪
出 版 者——時報文化出版企業股份有限公司
　　　　　　10803臺北市和平西路三段240號3樓
　　　　　　發行專線—(02)2306-6842
　　　　　　讀者服務專線10800231705・(02)2304-7103
　　　　　　讀者服務傳真—(02)2304-6858
　　　　　　郵撥—19344724時報文化出版公司
　　　　　　信箱—臺北郵政79～99信箱
時報悅讀網——http://www.readingtimes.com.tw
電子郵件信箱——newstudy@readingtimes.com.tw
時報出版愛讀者粉絲團——http://www.facebook.com/readingtimes.2
法律顧問——理律法律事務所 陳長文律師、李念祖律師
印　　　刷——華展印刷有限公司
初版一刷——2016年12月9日
定　　　價——新臺幣360元

時報文化出版公司成立於1975年，並於1999年股票上櫃公開發行，於
2008年脫離中時集團非屬旺中，以「尊重智慧與創意的文化事業」為
信念。

國家圖書館出版品預行編目資料

搶進美食街,年賺1,000萬 /
鄭聰仁口述；張志誠作.攝影.-- 初版. -- 臺北市：
時報文化, 2016.12
面；公分. -- (WIN系列；18)
ISBN 978-957-13-6839-9(平裝)

1.餐飲業管理

483.8　　　　　　　　　　105021552

ISBN 978-957-13-6839-9
Printed in Taiwan